多位一体河道治理

城市复杂河道
综合治理项目管理及设计

徐进　李云龙　黄鹏　著

中国水利水电出版社
www.waterpub.com.cn

内 容 提 要

复杂河道综合治理是一个系统性课题，与社会、经济、生态等方面都息息相关。在设计及管理工作过程中，常因主客观原因忽视或遗漏若干因素从而影响治理效果。本书基于作者多年规划设计工作与研究的实践经验，围绕规划设计与管理的各个环节，叙述了规划设计或管理工作应注意的原则、思路与路线、理论与方法等，并提供若干经实践验证的工作图表样例以供读者参考使用，在本书末章还展望了综合治理未来可能的发展方向。

本书可供水利工程规划设计行业相关人员阅读，亦可供工程建设单位、管理单位相关负责人参考使用。

图书在版编目（CIP）数据

多位一体河道治理：城市复杂河道综合治理项目管理及设计 / 徐进，李云龙，黄鹏著. -- 北京：中国水利水电出版社，2022.10
ISBN 978-7-5226-1068-9

Ⅰ.①多… Ⅱ.①徐… ②李… ③黄… Ⅲ.①城市—河道整治—研究 Ⅳ.① TV882

中国版本图书馆 CIP 数据核字（2022）第 205072 号

书　　名	**多位一体河道治理——城市复杂河道综合治理项目管理及设计** DUOWEI YITI HEDAO ZHILI—CHENGSHI FUZA HEDAO ZONGHE ZHILI XIANGMU GUANLI JI SHEJI
作　　者	徐进　李云龙　黄鹏　著
出版发行	中国水利水电出版社 （北京市海淀区玉渊潭南路 1 号 D 座　100038） 网址：www.waterpub.com.cn E-mail：sales@mwr.gov.cn 电话：（010）68545888（营销中心）
经　　售	北京科水图书销售有限公司 电话：（010）68545874、63202643 全国各地新华书店和相关出版物销售网点
排　　版	黄建锋
印　　刷	**天津久佳雅创印刷有限公司**
规　　格	184mm×260mm　16 开本　13.75 印张　304 千字
版　　次	2022 年 10 月第 1 版　2022 年 10 月第 1 次印刷
定　　价	78.00 元

前 言 PREFACE

党的十九大报告把坚持人与自然和谐共生纳入新时代坚持和发展中国特色社会主义的基本方略，把水利摆在九大基础设施网络建设之首。水是生态环境的控制性要素，人水和谐共生是人与自然和谐共生的重要标志。合理划定河湖生态空间，加强水域岸线开发利用管理。科学确定重要河湖生态流量，优化水资源配置和水利工程调度，保障生态流量水量下泄，维护河湖健康生命。加快落实水污染防治行动计划，严格控制入河湖排污总量，强化水功能区分级分类管理，加大饮用水水源地保护力度。强化水利创新驱动，加快互联网、大数据、人工智能等高新技术与水利工作深度融合，积极发展智慧水利。

河流与人类社会发展间具有密切的关系，河流不仅可为人类生存发展提供水资源，而且还具有一定的观赏性功能，从而满足人们对宜居生活的要求。随着经济社会与城镇化的推进，生活污水直接排入河道、生活垃圾随意堆放于河岸等环境污染问题日趋严重，河流水质不断下降。根据世界卫生组织有关统计资料，目前人类社会与经济可持续发展已受到河流污染的严重影响，并已成为人类治理的主要内容之一。水资源分布不均衡、水质持续恶化以及河道生态破坏严重等问题在我国河流中也同样存在。

河道综合治理基于生态学基本原理，力求在确保河流安全的情况下，为实现人类社会与河流生态的协调发展，以及保证河道的生态系统平衡，有必要建立一个持续稳定、健康开放的生态系统。我国从 20 世纪 90 年代末期开始对河道综合治理进行了大量的实践，取得了丰富的工程经验。

尼古拉斯·卢曼是 20 世纪德国重要的社会学家，在他 30 多年的研究中，出版了58 本著作和数百篇文章，不仅高产，而且具有超高的学术水平。他取得这样惊人的成就，却并不是艰辛地无暇他顾，而是得益于"自下而上"的工作方式，源于平时的每一页笔记。通过"写笔记—定期总结、分析、索引、联系—写笔记"这样简单的循环往复，将自己的学习记录、工作所得、思考探索相互印证，不断深化，最终形成完善的学术成果。本书即相当于作者的笔记，既有学习所感、工作总结，也有对此的所思所虑，皆是对于典型南方河道综合治理工程规划设计工作方面的一些浅见。

本书作者基于多年的工作经历及学习思考，梳理了城市复杂环境河道多位一体综合治理规划设计工作的理论基础、技术路线及主要技术措施，并辅以若干案例说明。鉴于作者水平所限，若有不尽之处，恳请读者给予批评指正，同时希望对相关工作的同行能有所启发和帮助。

作者

2022 年 8 月

目 录 CONTENTS

第1章　调查分析

1.1　项目背景调查

正式开启项目之前，需先了解项目的来由、要达到的目标、利益相关人、项目地理位置及相关材料，建立初始框架。正式开始前的这项准备工作看似简单，经验不足的设计师极易忽略此步骤，急着开启设计流程，到了后期工作却屡屡反复，"下笔千言，离题万里"，都是因为前期准备不扎实的缘故。所谓"磨刀不误砍柴工"，初始框架工作其实十分关键，是项目开展的"舵"。

1.1.1　项目主管单位

明确项目的主管单位及主管部门，以及主管建设单位和部门的主要职责。有利于项目开展期间与建设单位的相应人员进行有效而顺利的沟通，推动项目的进展。

1.1.2　项目利益相关人

运用利益相关者理论，识别项目的利益相关人，以及各利益相关人各自关注的重点。在之后的工作中，可利用影响力——利益矩阵，对利益相关者进行界定、分类，并确定有针对性的管理策略。

1.1.3　项目缘由

探寻立项或项目产生的前因后果，是否有前期策划文件，若有，则理清策划文件的内容和时间线。搞清项目的总体目标，若遇到尚不能清晰叙述目标的情况，则可描述项目建成后想要呈现的效果。这阶段需要与主管单位的部门负责人沟通交流多次后逐渐确定下来。项目缘由力求详细、具体、透彻理解，以助于项目的顺利开展，避免反复返工。

1.1.4　项目时间线

明确项目时间线和关键节点的要求，以便对各项工作作出合理安排，保质保量地完成。项目实施过程中，定时复查。若有关键节点超出时间线，及时分析和反馈，并生成合理的应对措施。

1.2 项目概况调查

1.2.1 设计前期资料

（1）统计资料，包括统计年鉴、统计公报和统计分析资料。

（2）研究成果，包括国内外与本次设计相关的最新理论和案例研究成果以及为本次设计专门布置的专题研究。

（3）相关政策，包括项目所在地近年出台的与设计相关的政策文件以及政府工作报告等。

（4）相关规划报告，包括上位规划、总体规划、专项规划等，以及相关的规划实施情况的评估报告等。

（5）其他基础资料，包括当地的自然、经济、社会、水文、气象、地质、泥沙、生态环境等资料。

1.2.1.1 社会调查

社会调查内容包括水环境概况、沿河两岸工业发展情况、沿河城市垃圾处理情况、河道渠系建筑物情况、历次河道整治经过以及其他涉及河道的事件、事故及居民对于河道的需求及愿景等。社会调查内容见图1.1。

1.2.1.2 污水处理调查

1. 区域污水数据

统计沿河道两岸排放的污水量、污水水质情况，并分析生活污水与工业污水的比例构成，以及污水的处理方式，例如集中处理设备或分别处理的手段和设备。

2. 河道现状

明确河道范围内所有泵站、水闸的布置情况，各个污水处理厂排水口的位置及尺寸大小，各污水排渠的排放口门概况。

3. 污水处理厂的情况

统计河道流域范围内污水处理厂的现状情况，包括污水处理厂的位置、数量、规模，以及污水处理厂日处理水量、处理工艺、处理厂进出水的水质、污水来源、处理厂出水的回收利用方式和污水厂出水的最终排放情况等。

4. 已建污水管道情况

明确已建污水管网的布置结构、起止点、管道的管径和长度变化、管道建设的年份、污水管道的材料、管道的运行情况、管道的实际排水能力、污水检查井的布置和日常运行维护情况等。

```
                    ┌ 水质
         水环境 ───┤ 水量
                    │ 水生动物
                    └ 水生植物
                    ┌ 工厂建设发展情况
         工业发展 ─┤ 工厂用水（水源、水量）
                    │ 工厂排水（水质、水量、废水处理、排放方式）
                    └ 工业泄漏事件（起因、影响、处理）
                    ┌ 垃圾堆放成因
         城市垃圾 ─┤ 垃圾倾倒现状
                    │ 垃圾成分组成
                    └ 垃圾回收站建设
社会调查 ─┤         ┌ 水景观建设
         渠系建筑物 ┤ 湿地公园
                    │ 河道绿地、植被
                    └ 人工湖（橡胶坝）
                    ┌ 整治项目（河道、底泥、两岸植被等）
         历次整治 ─┤ 整治目的
                    └ 整治效果
                    ┌ 现存的环境问题（水体、气体、粉尘）
         其他 ─────┤ 城市内涝的多发地段
                    │ 市民的建议（市政建设、理想环境等）
                    └ 地区的严重污染事件
```

图 1.1 社会调查内容

5. 雨水管网

明确雨水收集设备及运行近况。摸清雨水管网的布置情况，包括雨水管网的布置结构、起止点、管道的管径和长度变化、管道建设的年份、雨水管道的材料、管道的运行情况、检查井的布置和日常运行维护情况等。明确雨水管网的实际排涝能力。了解雨水的水质，尤其是降雨前期 10 ～ 15 min 的水质情况。

1.2.1.3 在建工程调查

调查该区域内有哪些针对河道治理的在建工程及其承建单位背景，并针对每一个在建工程提出以下问题：工程的施工地点，该处的地形地貌、气象、水文、地质等基本情况，该河道上原有水工建筑物及其运行情况，该河道的历次规划等；工程涉及的施工面积（范围），是否需要人员转移，若有转移，需转移的人口数；工程起始于哪一年，预计哪一年结束，施工进度计划；工程的总体规划目标和思路；工程的规划设计方案，可以治理哪些问题，各项问题分别对应哪些解决措施；工程的创新点；工程的设计图纸；工程对周边的环境及生态有哪些影响；工程在实施过程中遇到过哪些难题及解决措施、是否对设计方案进行过更改以及更改了哪些内容；工程的治理设施运营管理如何，后期管理及政策为何。

1.2.1.4　水资源调查

1. 水库基本信息

调查水库的运行现状，包括兴利库容、防洪库容、总库容、死库容，以及兴利水位、防洪水位、最高水位、死水位等资料。调查年内来水量、供水量及供给区域，进而分析可调用水量。

2. 河流基本资料

调查流域降水，计算产、汇流，调查流量、水质资料，调查河道沿程取水量资料。

3. 区域用水

调查日各时间段内生活用水量及日各时间段内工业用水量。

4. 地下水

了解地下水贮存、补给、径流和排泄条件。调查淡水、咸水的分布范围，掌握包气带岩性和地下水埋深的地区分布情况。收集与该地区地下水资源量计算有关的水文地质参数，包括降水入渗补给系数、渠系渗漏补给系数、潜水蒸发系数及含水层的给水度和渗透系数等。

5. 降水量资料

收集流域范围内的降水量资料，包括地区降水量平均值、流量站多年实测降水量资料、多年洪痕等。

6. 水质基本资料

收集已有的定位水质监测资料，了解水域纳污能力。

7. 水污染情况

了解该地区曾经发生的污染事故、造成的影响及相应的解决措施。

1.2.1.5　底泥调查

1. 底泥的形成

调查河道底泥的类别、性质、成分以及形成机理。

2. 处理措施

调查河道底泥处理采取过什么措施，取得过什么成果。

1.2.1.6　一般水情调查

1. 典型洪水资料

搜集雨情资料，包括暴雨中心、暴雨历时、降雨强度（主要水文站的最大 1d、最大 3d 雨量情况）、降雨面积。分析洪水过程，包括洪峰流量和时间、不同河段的调查地点（河道的控制站或者水文站）推求的洪峰流量和洪水总量，该河段的比降和糙率。汇集各水库的入库流量和泄量。汇总行、滞洪区洪水概况，包括各行、滞洪区的最大水深和最小水深。分析滞蓄水量。

2. 设计雨强洪水资料

明确不同雨强情况下的雨情、洪水过程、水库情况以及区域的内涝排水情况。

1.2.1.7 报告及文件

搜集并熟悉相关报告及文件，包括但不限于城市总体规划类报告，国家、省、市地方行动方案类报告，国家、省、市地方工作计划，国家、省、市地方规范、规程、标准类文件，各专项规划类报告，国家、省、市地方政策性文件，政府公报、各专项公报类文件，国家法律法规类文件等。

1.2.2 项目初步研究资料

重点了解设计项目的特点、预期目标、现状和存在的问题，使下一步现场调查更加具有针对性，提高现场调查的效率。从纵向和横向两个方面展开，纵向研究重点分析建设项目在同类项目中的发展阶段和特点，横向研究通过对比研判其在国内同类项目的优、劣势和特点。

1.2.2.1 明确预期目标

梳理防洪（潮）建设、排水防涝建设、水资源保护与管理、水环境保护与修复、水生态保护与修复、水景观建设、智慧水利建设等标准及总体要求，明确治理总体目标及要求。

1.2.2.2 梳理现状存在的问题

1. 防洪（潮）存在的问题

（1）根据调查资料，梳理防洪工程现状，包括历年运行情况、维修养护情况等，分析现状抗洪能力。

（2）统计历史洪灾造成的损失。

（3）明确当前及未来城市发展对防洪提出的要求等。

（4）通过对比分析，列出当前防洪（潮）存在的问题。

2. 排水防涝存在的问题

（1）根据调查资料，梳理排水防涝工程现状，包括历年运行情况、维修养护情况等，分析现状排水防涝能力。

（2）统计历史内涝造成的损失（例如淹没深度、淹没时长、社会经济方面的影响和损失情况等）。

（3）明确当前及未来城市发展对排水防涝提出的要求等。

（4）通过对比分析，列出当前排水防涝存在的问题。

3. 水资源保护与管理存在的问题

（1）梳理水资源开发利用现状，调查水利工程（包括污水处理厂）现状，分析流域供水、用水、耗水现状，分析现状用水水平，分析水资源开发利用存在的主要问题等。

（2）流域水资源供需平衡分析。

（3）明确当前及未来城市发展对水资源保护与管理提出的要求。

（4）通过对比分析，列出当前水资源保护与管理存在的问题。

4. 水环境存在的问题

（1）梳理水环境调查资料，对河湖水环境现状进行分析论证。

（2）统计水质现状情况，包括水体内微量元素、微生物成分等。

（3）调查影响水环境问题的主要污染源来源，包括污染源的存在时间、位置、体量等。

（4）初步分析造成水质问题的具体原因、已采取的具体措施、已取得的成效、遗留的问题等。

（5）明确当前及未来城市发展对水环境提出的要求。

（6）通过对比分析，列出当前水环境存在的问题。

5. 水生态存在的问题

（1）调查水体内水生物状况，调查对象包括河岸带植被、大型水生植物、鱼类、大型底栖动物和浮游生物等。

（2）明确河流生态现状，对生态状况作出初步评估。

（3）分析影响河流生态的主要胁迫因子，并初步评价因子的影响力。

（4）明确当前及未来城市发展对水生态提出的要求。

（5）通过对比分析，列出当前水生态存在的问题。

6. 水景观存在的问题

（1）对所在区位及上位规划进行解读，初步了解河流所在区位整体发展。

（2）对河流的现状进行较为详细的解读，包括河岸植被情况、河道及水流形态、水质情况、沿河交通功能特点、特色构筑物情况、沿河环境情况、沿河土地利用情况等。

（3）分析水景观制约因素，以及因素存在的条件，初步评价因素的影响力大小。

（4）明确当前及未来城市发展对水景观提出的要求。

（5）通过对比分析，列出当前水景观存在的问题。

7. 水经济存在的问题

（1）论述节水型社会建设总体进展。

（2）说明节水型社会建设管理体制现状，展示必要的框架图。

（3）叙述江河湖库水系连通现状，展示必要的水系图、示意图，并进行说明。

（4）分析可交易水权制度建设现状，说明现状交易水权的发展过程和主要特点。

（5）梳理区际水事纠纷及管理现状，明确主要水事纠纷的数量、时间分布、原因、来源、处理意见，以及纠纷造成的后果。

（6）明确当前及未来城市发展对水经济提出的要求。

（7）通过对比分析，列出当前水经济存在的问题。

8. 水文化存在的问题

（1）了解河道景观与当地城市风貌的融合现状。

（2）了解涉水风景区、水景观及群体建筑的发展现状。

（3）了解水文物保护现状。

（4）掌握水文化历史研究、水文化遗产挖掘研究现状。

（5）明确当前及未来城市发展对水文化提出的要求。

（6）通过对比分析，列出当前水文化存在的问题。

9. 智慧水务存在的问题

（1）梳理历年来水务信息化建设项目情况，包括项目名称、建设时间、主要建设内容、数据归集单位等。

（2）明确物联感知体系现状，包括但不限于以下内容：

1）厘清现有自建、整合的各类信息点的监测类别、指标、数量、位置、设备、建设管理单位、数据归集、传输方式及其他情况说明。

2）厘清视频监控站点数量、位置、设备、建设管理单位、数据归集、传输方式及其他情况说明。

（3）了解传输基础设施现状，包括但不限于以下内容：

1）现有光纤资源摸查。

2）现有网络体系及配套工程调查。

3）现有管控中心设备调查。

会议室：会商大屏、中控系统、音响扩声系统、会议系统、视频终端；

机房：机柜、UPS、空调、门禁系统、环境监控、消防装置、综合布线；

监控中心：监控大屏、操作台、操作椅等。

4）现有自动化调度系统、自动化控制系统等调查。

（4）了解应用系统开发使用现状，包括已有应用系统名称、建成时间、存在的问题和不足等。

（5）明确信息安全体系现状情况。查清现有防火墙、网络入侵防御系统、上网行为管理、杀毒软件、日志审计等信息安全专用设备情况；了解现有信息安全管理制度建设情况；了解信息安全检查制度建设情况；明确现有信息等级保护测评和信息安全事件应急演练情况等。

（6）了解信息集成平台建设现状，包括基础支撑方面现状调查、综合展示方面现状调查、数据资源方面现状调查等。

（7）了解现状管理职能，包括涉及的水务管理机构、各业务处室、各下属单位的机构名称、管理职能、职能内容等。

1.2.2.3 研究同类项目发展阶段和特点

调查同类项目国内外发展研究现状，研究同类项目国内外成功及失败案例，比较当前项目与国内外同类项目的区别与适用性。总结国内外类似项目的优缺点，可利用的理论与方法等，拓宽思路，避免错漏碰缺。

确定项目的调查内容是制定调查计划的重要前提。调查内容的确定应紧紧围绕项目目标，紧扣当地发展规划，结合现状进行分析。调查内容力求全面、完整，并应尽量细致，避免调查工作的错漏或反复，尽可能争取更多的时间。

【例 1.1】 确定河道综合治理项目的主要调查内容。

M 河是位于南方某城市的一条城市河流，随着城市化进程的不断加快，M 河流域内治河治污设施建设日显滞后，流域内水安全保障及生态平衡遭到严重破坏，与城市经济发展水平极不相称，已成为城市建设的一道"伤疤"。流域水环境现状主要存在以下四方面问题：

（1）地势低洼，易受涝。M河下游属感潮河段，且沿河两岸建成区大多地势低洼，区域易发生洪涝灾害。受涝面积约52km²，目前仅完成12km²的内涝区域治理。

（2）河道断面狭窄，防洪能力低。M河干支流以前均未经过系统治理，干流上中游段近年实施河道治理后达到100年一遇设防标准，界河段目前正按照100年一遇防洪标准进行治理，支流河道也计划按照20～50年一遇设防标准进行治理。

（3）河道水体污染严重，干支流水质劣于地表水Ⅴ类。

（4）河道生态平衡遭到破坏。河床河岸硬质化和水体污染导致生物栖息地丧失，河岸带和水陆交错带消失，河流缺乏缓冲带保护，加上沿河存在大量的违章建筑和倾倒垃圾等问题，河道空间受到严重挤压，河流基本丧失了自身生态修复的功能。

依据生态文明建设的战略要求和水污染治理目标，M河流域的综合治理已迫在眉睫。将按照流域统筹、系统治理以及水资源、水安全、水环境、水生态、水文化"五位一体"的工作方针，科学有序地推进治水提质工作。

【解答】 明确项目概况后，首先对M河所处地理位置、M河综合治理项目建设部门的主要情况进行了解，根据项目性质，迅速确定由防洪（潮）、排涝、水环境、水资源、水景观等专业人员组成的项目组，以项目沟通会的形式对项目开展前置调查工作的内容进行梳理。

现状调查内容应包括并不限于以下各项。

（1）M河所处规划区概况。

1）流域概况调查。统计河流水系基本情况、现状水库基本情况、现状水闸基本情况、现状泵站基本情况等。

2）自然概况调查。对地理位置、地形地貌概况、区域地质概况、水文气象概况等进行较为详细的说明，并附必要的图表和数据。

3）社会经济概况调查。对行政区划、城市建设、人口规模、产业结构等进行说明和初步分析，并附必要的图表和数据。

（2）流域治理现状调查与评价。M河流域自上而下依次流经S片区、G片区、B片区，三个片区的问题、特点、治理现状、建设管理模式、规划定位等各不相同，为了使流域现状调查与评价更加具有针对性，对三个片区分别加以分析。

1）治理现状主要调查内容应至少包括防洪（潮）体系现状、干支流河道现状、排涝现状、雨水工程现状、水环境治理工程现状、滨水生态现状、管理现状等。

2）存在的问题主要调查内容应至少包括防洪存在的问题、排涝存在的问题、水环境治理存在的问题、水务管理存在的问题、已采取的治理措施及初步评价等。

1.3 调查方法

1.3.1 文案资料

通过查阅相关网站、文献、规划报告等途径，收集各种相关资料。

（1）制定项目资料需求清单。以专业小组为单位，分别编制本专业的资料需求清单，编制完成后，以项目内部阶段性汇报会的形式，归集汇总资料需求清单。

（2）根据资料单，安排若干小组，分别问访不同单位，获得有效资料。以确定的资料需求清单为依据，以小组为单位，编制调查表，问访过程中以调查表为参考，获得各项资料，以保证不重复、不遗漏。

（3）汇总资料。各调查小组每天进行资料汇总，由小组长归集每天的调查报告。项目组每周进行资料汇总，由小组长提交该组的调查报告，由项目负责人进行归纳汇总。调查结束后，由项目负责人汇总所有调查资料，并以项目内部阶段性汇报会的形式，进行文案调查工作阶段性小结。

（4）整理资料。汇总归纳后的所有资料按专业命名，包括原始调查数据与痕迹，以供后续规划设计阶段查询引用。

1.3.2 问卷调查

问卷调查是指通过制定详细周密的问卷，要求被调查者据此进行回答以收集资料的方法，主要是一种社会学统计方法，其形式是以问题的形式系统地记载调查内容的一种印件，其实质是为了收集人们对于某个特定问题的态度、行为、特征、价值观或信念等信息而设计的一系列问题。问卷调查多用于公众参与的具体目标的确定，或治理效果评价等定性调查工作中。

为了提高调查的可靠性和有效性，需注意以下几个方面：

在设计问卷时，应邀请项目组成员进行小组讨论，对设计的问题及其措辞等进行探讨，其他的研究者通过案例研究或采访得到了一些调查对象的评论与反馈，这些评论与反馈中的语言也可以成为素材，以确定"问了该问的问题""把该问的问题问好"。在设计问题及选项时，要注意避免措辞过于学术化、晦涩难懂，导致调查对象因缺少相关知识而给出错误的回答；要避免问题的选项不完整或语义不明确造成认识的偏差；避免一个问题中包含多个子问题，为免混淆，应分开提问。问卷调查卷面设计见示例1.1和示例1.2。

【示例 1.1】 W 城水环境治理调查问卷

> 您好！我们是来自××××的跟踪团队。生态问题是长期引起高度关注的全球化课题，对于水环境的治理在城市历史发展的每个阶段都起到了不可替代的作用。本次调查旨在了解 W 城湖泊与湖泊治理的现状及其评价等情况。本次调查所得收集资料仅用作研究之用，希望得到您的支持与帮助！
>
> 1．您的职业？ ＊
> □ 学生
> □ 政府机关工作人员
> □ 事业单位工作人员
> □ 公司职员
> □ 离退休人员
> □ 个体经营户
> □ 自由职业者
> □ 其他
>
> 2．您的年龄？ ＊
> □ 20 岁以下
> □ 20～35 岁
> □ 35～50 岁
> □ 50 岁以上
>
> 3．离您最近的湖泊？ ＊
>
> _____
>
> 4．您认为该湖泊生态环境状况如何？ ＊
> □ 生态良好
> □ 环境一般
> □ 轻微污染
> □ 污染严重
>
> 5．近年来该湖泊的变化对您的日常生活影响程度 ＊
> □ 非常大
> □ 较大
> □ 一般
> □ 几乎没什么影响
>
> 6．您认为现阶段 W 城湖泊存在的最大问题是什么？ ＊
> □ 湖泊数量减少
> □ 湖泊面积萎缩
> □ 湖泊污染加剧

☐ 生态环境恶化，动物种类少

7. 您目前了解的湖泊保护政策主要来源于哪里？ *

☐ 电视广播

☐ 网络

☐ 学校课堂

☐ 报纸杂志

☐ 公益广告

☐ 相关公益活动

8. 您对下列哪些政府治理湖泊的举措比较熟知？ *

☐ 出台《水资源保护条例》《湖泊整治管理办法》

☐ 设立"湖长"，由所在地的行政首长担任，并向社会公示

☐ 湖泊周边禁止新建餐馆

☐ 实施"四水共治"计划

☐ 湖泊受污染底泥修复

☐ 水生植物重建

☐ 截污、连通沟渠修复

9. 您认为您身边湖泊的保护、管理成效如何？ *

☐ 很好

☐ 有效果，但是问题依然存在

☐ 效果不好

☐ 不了解

10. 您对W城经济发展和湖泊环境保护的态度？ *

☐ 发展才是硬道理，先搞好经济发展再进行湖泊环境保护

☐ 保护湖泊更重要，任何的经济发展都不能以牺牲环境为代价

☐ 两方面都很重要，二者需要兼顾

☐ 具体情况具体分析，以获得利益为前提

11. 如果您愿意参与保护湖泊活动，您会为保护湖泊做哪些工作？ *

☐ 参加湖泊保护的志愿组织与志愿活动

☐ 了解湖泊环保知识并向公众宣传

☐ 向湖泊管理部门提出保护意见和建议

☐ 积极遵守政府关于湖泊保护的政策规定

12. 您认为哪些社会主体应参与湖泊环境保护？ *

☐ 政府

☐ 非营利组织

☐ 企业

☐ 社区

☐ 公众

13. 您认为进一步推行加强W城水环境治理的关键？ *
□ 政府继续加强立法，将湖泊保护治理放在突出地位
□ 相关机构强化监管力度，启用卫星遥感、视频监控等技术手段，进行湖泊形态动态监控，对破坏湖泊生态环境的行为零容忍
□ 周边社区、学校等组织进行湖泊治理知识宣传，加强公众对湖泊保护治理的参与意识
□ 公众积极提高自身湖泊保护意识，坚决抵制对湖泊的污染、破坏行为
□ 通过利用多种新媒体技术加强对湖泊治理的相关机制、条款的宣传，提高公众的认知度和认同感
14. 您对W城湖泊治理有何意见与建议？ *
_____
_____
_____

【示例1.2】 关于水污染与治理的调查问卷

中国是一个严重缺水的大国，水资源总量虽在世界居第6位，但人均占有量不到世界人均水平的1/4，加之城市过量开采地下水，浪费惊人，人为污染等日益加剧。我们是中国的公民，也是中国的主人，了解祖国的环境、保护祖国的环境是我们每个人的责任。为了了解家乡水环境的大致情况，更好地解决水污染带给我们的困扰，我们小组希望通过调查来了解以及探讨如何解决有关水污染的问题。感谢您在百忙之中抽空填写这份调查问卷。
1. 您所居住的城市水资源污染情况严重吗？
□ 严重
□ 不严重
□ 不了解
2. 您曾经向河里扔过或倒过垃圾吗？
□ 有
□ 没有
3. 您家附近的河流水质好不好？
□ 好
□ 不好
4. 您觉得现在的水污染严重吗？
□ 很严重
□ 还算过得去

☐ 不严重

5. 您认为现在的水污染比起以前怎么样呢？

☐ 更严重

☐ 没那么严重

☐ 不了解

6. 您觉得城区水污染的主要来源是？

☐ 工业生产排放的废水

☐ 生活排放的废水

☐ 突发性水污染

☐ 其他

7. 您经常看到有人向水中投掷垃圾吗？

☐ 是

☐ 否

8. 您对水污染概念的理解？

☐ 有刺鼻气味

☐ 水面上有垃圾或废液漂浮

☐ 水华等

☐ 其他

9. 您了解水体污染导致的后果吗？

☐ 了解

☐ 不了解

☐ 知道一些

10. 您认为政府在治理水体污染上做得好不好？

☐ 很好

☐ 一般

☐ 不好

11. 污染和破坏水环境的举报和投诉电话是什么？

_____

12. 请对政府在水污染治理方面提出一些意见及建议。

_____

_____

_____

1.3.3 现场查勘

现场查勘包括踏勘及现场勘测。查勘对象包括项目规划设计范围内的河湖库渠、自然资源概况、社会经济概况、重点项目、重点设施等。

现场查勘前，项目组应与委托方商定查勘线路和点位。其中，河湖库渠查勘应确保翔实可靠，满足规范规定的相应设计阶段的勘察设计标准要求。重点项目和重点设施的选择主要遵循以下原则：①规模比较大或具有影响力的项目；②在新技术、新模式等方面具有示范引领作用的项目；③发展面临普遍性困难的项目。通过典型项目的调研，有助于从一定程度上了解规划设计项目或相关专业的发展现状及存在的问题等。

现场踏勘要仔细看、认真听、深入交流，切忌走马观花、蜻蜓点水和流于形式。

勘察测量范围、线路和点位由项目组依据水利工程勘察设计规范的规定，结合项目特点综合分析确定，勘察工作主要采用地质调查、地质测绘、钻探、原位测试、室内土工试验等勘测手段。河道查勘记录用表见表1.1～表1.8。

表 1.1　现状河道普查记录表

河流名称：	断面位置：（经纬度或坐标范围）
（填表日期：　　年　月　日　时　分）（天气情况：　　　）	
（填表人：　　　　　　　）	
项目	详细描述
河床底部砌护情况（自然、混凝土、浆砌石）	
边坡（自然、混凝土、浆砌石）	（左、右岸分别描述；若有复合边坡请详细描述）
滩涂（有、无）	
岸线受约束情况（判断两侧建筑物类型：小区、楼房、工厂、天际线、强电弱电线路）	
水体观感（颜色、嗅味、水面及两侧滩地有无垃圾）	
底泥状况	
大截排设施状况	
生态植被（河道内外）	
巡河道路（是否通畅、连贯）	
河道内景观设施（道路、景观桥、小品、小节点）	
河道内管涵（跨河、沿河）	（数量、管径等）
河道左右岸有无防护设施	
河道水动力条件（有无排水不畅现象）	
其他需要说明的问题	

表 1.2 河道特性补测表

（填表日期： 年 月 日 时 分 ）（天气情况： ）					
（填表人： ）					
序号	河道名称	断面位置（须定位）	断面形式（矩形、梯形、其他）	上开口宽度/m	底部宽度/m	底部高程/m
1						
2						
…						

表 1.3 排放口统计表

（填表日期： 年 月 日 时 分 ）（天气情况： ）			
（填表人： ）			
序号	位置	相关描述［排水性状、尺寸大小、形状（方、圆）］	备注
1			
2			
…			

表 1.4 沿河排涝泵站统计表

（填表日期： 年 月 日 时 分 ）（天气情况： ）			
（填表人： ）			
序号	位置	相关描述（规模）	备注（在建、已运行）
1			
2			
…			

表 1.5 沿河污水处理设施统计表

（填表日期： 年 月 日 时 分 ）（天气情况： ）			
（填表人： ）			
序号	位置	相关描述（规模、工艺类型等）	备注（在建、已运行）
1			
2			
…			

表 1.6　沿河闸、桥、坝、堰、涵统计表

（填表日期：　　年　月　日　时　分　）（天气情况：　　　　　）						
（填表人：　　　　　　　　　）						
序号	名称	对应河道	位置 （经纬度或坐标）	相关描述 （对河道的约束情况、形式等）	备注 （在建、已运行）
1					
2					
…					

表 1.7　河流景观现状汇总表

序号	河流名称	河道总长 /km	蓝线宽度 /m	周边用地	景观现状	现状照片
1						
2						
…						
（填表日期：　　年　月　日　时　分　）（天气情况：　　　　　）						
（填表人：　　　　　　　　　）						

表 1.8　随机访谈统计表

（填表日期：　　年　　月　　日　　时　　分　）（天气情况：　　　　　　　）					
（填表人：　　　　　　　　　　　　　）					
序号	访谈时间	访谈内容	访谈对象	访谈事项	备注
1					
2					
…					

1.3.4　协商会议

召开协商会议或项目阶段汇报会是现场调研的重要形式，阶段汇报会主要面向项目组和业主，主要通报阶段工作进展及下一步工作重点，确保项目相关人员始终掌握项目进展，跟进进度计划，对推进过程中的难点进行协商解决，对推进过程中的错误和疏漏进行纠偏。

协商会或座谈会的对象一般包括当地政府部门的领导、相关职能部门和重点平台、下一级政府、行业协会代表、企业家、专家学者等。召开座谈会前，应与项目委托方

商定会议主题、参会人员、材料准备等相关事宜。

为保证协商会或项目阶段汇报会的质量和效率，应当注意以下几点：①同一场会议不宜安排多个主题，根据会议主题不同，可以安排多场会议；②邀请参加会议的人员或部门数不宜过多，一般不超过10人（或部门）；③事先应明确要求参会人员或部门提供书面材料；④做好相关会务工作，包括准备会议签到表，留存参会人员联系方式，做好录音记录等。会议通知、会议签到、会议记录卷面分别见示例1.3～示例1.5。

【示例1.3】 会议通知样例

关于××××问题的工作会议的通知

××××（拟邀参会人员或部门）：

为研究××××问题，做好××××工作，现定于××××年××月××日（星期×）××：××在××××会议室召开会议专题研究。请各有关单位安排熟悉情况的同志准时参加。

特此通知。

附：会议议程

××××（会议组织单位）
××××年××月××日

（联系人：×××　联系电话：××××）

【示例1.4】 会议签到表样例

会议签到表

会议议题：_____

会议时间：_____年_____月_____日　　会议地点：_____

会议主持：_____

序号	姓名	工作单位	职务	联系电话
1				
2				
...				

【示例1.5】 会议记录表样例

会议记录表				No.XXXX
会议时间			会议地点	
会议议题				
参会人员				
会议主持				
会议议程：				
会议结论				
			会议记录： 时间：	
附件：会议签到表、照片、录音				

1.3.5 深度访谈

深度访谈作为定性调查的一种形式，由调查员对调查对象进行深入的访问，用以揭示对某一问题的潜在动机、态度和情感，最常应用于探测性调查。主要针对详细了解复杂行为、敏感话题或对企业高层、专家、政府官员进行访问。多用于公众参与的具体目标的确定，或治理效果评价等定性调查工作中。深度访谈记录表样例详见示例1.6。

【示例1.6】 深度访谈记录表样例

深度访谈记录表				No.XXXX
访谈时间			访谈地点	
访谈方式				
访谈对象/职务			联系方式	
采访人			联系方式	
访谈目的				
访谈记录： 问题1： 回答：				

问题2： 回答： ……	
访谈总结： 　　　　　　　　　　　　　　　　　　　　　　记录人： 　　　　　　　　　　　　　　　　　　　　　　时间： 附件：照片；录音等	

【例1.2】 选择河道综合治理项目的调查方法。

【解答】 针对不同调查内容和特点，确定适合的调查方法。

（1）流域概况需调查河流水系基本情况统计、现状水库基本情况统计、现状水闸基本情况统计、现状泵站基本情况统计等。宜选用文案调查法、现场查勘法。

（2）自然概况需调查地理位置简介、地形地貌概况、区域地质概况、水文气象概况等。宜选用文案调查法、现场查勘法。

（3）社会经济概况需调查行政区划、城市建设、人口规模、产业结构等。宜选用文案调查法、深度访谈法等。

（4）治理现状调查宜选用文案调查法、现场查勘法，配合问卷调查法、深度访谈法等。

（5）存在问题调查宜选用现场查勘法、座谈会议法，配合问卷调查法、深度访谈法等。

1.4　调查结果整合

1.4.1　流域概况

描述流域所处地理位置、流域整体基本概况，以及流域内河流水系概况、现状水库概况、现状水闸概况、现状泵站概况等。

1.4.1.1　河流水系

综合文案调查、现场查勘等多种调查手段的调查资料，对流域内的河流水系进行归纳汇总。

1.　河流基本情况统计表

河流基本情况统计表列明各级别、各行政区划内河流的数量及河流总量，见表1.9。

表1.9 流域内河流基本情况统计表

河流级别	I区内河流				II区内河流				区内河流合计	跨区河流	跨市河流	共计
	A街道	B街道	…	小计	C街道	D街道	…	小计				
干流												
一级支流												
二级支流												
三级支流												
小计												

【例1.3】 对茅洲河流域的河流基本情况进行统计。

【解答】 茅洲河位于深圳市西北部,属珠江口水系。发源于石岩水库的上游羊台山,流经石岩街道、光明新区、松岗街道、沙井街道、长安镇(属东莞市),在沙井民主村汇入伶仃洋,全河长41.61km,其中干流长31.29km。上游石岩河长10.32km,为石岩水库控制河段;下游与东莞市的界河段长11.68km;下游感潮河段长13.02km。汛期石岩河洪水汇入石岩水库后通过铁石排洪渠(石岩水库至铁岗水库)汇入西乡河流域,非汛期石岩河的基流通过截污工程导到石岩水库坝下汇入茅洲河干流。上游流向由南向北,水流较急,右岸支流较发育,有石岩河、东坑水等;中游从楼村至洋涌河闸段,河道较上游宽阔,水流渐缓,流向由东向西,右岸支流仍较发育,有罗田水、西田水等;下游段地形平坦,河道较宽,约80～100m,由东北向西南流入珠江口,左岸支流较发育,有沙井河、排涝河等。

茅洲河流域面积388.23km²(包括石岩水库以上流域面积),其中深圳市境内面积310.85km²,干流河床平均比降为0.88‰,多年平均年径流深860mm。茅洲河东莞市长安镇境内流域面积为77.38km²,内河涌有23条,河道总长53.72km。

茅洲河水系呈不对称树枝状分布,流域内集水面积1km²及以上的河流共计59条。其中干流1条(即茅洲河)、一级支流25条、二级支流27条、三级河流6条。宝安区内河流26条,光明新区内河流19条,区界内河流合计45条,跨区河流6条,跨市河流8条。河流基本情况见表1.10。

表1.10 茅洲河流域河流基本情况统计表 单位:条

河流级别	宝安区内河流			光明新区内河流	区界内河流合计	跨区河流	跨市河流	共计
	沙井街道松岗街道	石岩街道	小计					
干流	0	0	0	0	0	0	1	1

续表

河流级别	宝安区内河流			光明新区内河流	区界内河流合计	跨区河流	跨市河流	共计
	沙井街道松岗街道	石岩街道	小计					
一级支流	9	1	10	9	19	4	2	25
二级支流	6	7	13	7	20	2	5	27
三级支流	2	1	3	3	6	0	0	6
小计	17	9	26	19	45	6	8	59

2. 河流基本情况普查汇总表

流域内河流基本情况普查汇总表,列明河流名称、河流级别、流域面积、河流长度、河道比降、河流跨界类型、备注等信息,见表 1.11。

表 1.11　流域内河流基本情况普查汇总表

序号	河流			河流长度					河道比降	河流跨界类型	备注
	名称	河流级别	流域面积	河道总长	有防洪任务河段长	无防洪任务河段长	水库水面段长	暗涵段长			
1											
2											
...											

【例 1.4】 对茅洲河流域的河流基本情况进行普查并汇总。

【解答】 根据普查资料,茅洲河流域河道总长为 284.54km。有防洪任务河段总长为 221.42km,暗涵段长度为 31.70km,暗涵率为 14.32%;无防洪任务河段总长为 63.12km;水库水面段长 25.53km。河流基本情况普查汇总见表 1.12。

表 1.12 河流基本情况普查汇总表

| 序号 | 名称 | 河流 | | | | 流域面积 /km² | 河流长度 /km | | | | | 河道比降 /‰ | 跨界类型 | | | 备注 |
		干流	一级支流	二级支流	三级支流		河道总长	有防洪任务河段长	无防洪任务河段长	水库水面段长	暗涵段长		跨市	跨区	区内	
1	茅洲河	√				388.23	31.29	31.29	0.00	0.00	0.00	0.88	√			深圳市境内流域面积310.85km²。下游感潮河段长13.02km，界河段长11.68km
2	石岩河		√			44.71	10.32	10.32	0.00	3.97	0.00	4.03			√	石岩水库截污闸以上河道长度为6.35km，流域面积为26.89km²
3	牛牯斗水			√		2.00	2.34	2.34	0.00	0.70	0.00	27.41			√	
4	石龙仔河			√		1.49	1.89	0.00	1.89	0.00	0.92	17.55	√			
5	水田支流			√		3.37	1.79	1.79	0.00	0.00	0.00		√			
6	沙圩沥			√		3.21	3.40	0.78	2.62	0.00	0.00	44.23	√			
7	罐窑坑			√		3.33	3.80	1.30	2.50	0.00	0.00	62.72			√	
8	龙眼水			√		3.64	3.69	1.89	1.80	0.00	0.66	60.31			√	
9	田心水			√		1.67	2.28	2.28	0.00	0.00	1.33	25.06			√	
10	上排水			√		1.43	2.98	1.28	1.70	0.00	1.28	24.16			√	
11	上屋水			√		2.11	2.76	1.26	1.50	0.00	1.50				√	
12	天圳河			√		3.97	3.05	1.26	1.79	0.00	0.83				√	
13	王家庄河				√	2.10	0.77	0.77	0.00	0.00	0.00				√	

续表

序号	名称	河流				流域面积/km²	河流长度/km					河道比降/‰	跨界类型			备注
		干流	一级支流	二级支流	三级支流		河道总长	有防洪任务河段长	无防洪任务河段长	水库水面段长	暗涵段长		跨市	跨区	区内	
14	玉田河		✓			6.45	3.26	3.26	0.00	0.00	0.20	6.81			✓	
15	鹅颈水		✓			21.44	8.92	6.50	2.42	2.00	0.00	6.29			✓	
16	红坳水			✓		1.81	2.53	1.10	1.43	0.43	0.00			✓		
17	鹅颈水北支			✓		4.15	4.83	2.23	2.60	0.00	0.00				✓	
18	鹅颈水南支			✓		3.44	3.07	3.07	0.00	0.00	0.00				✓	
19	大岐水		✓			4.81	4.47	1.93	2.54	0.86	0.30	7.48			✓	
20	东坑水		✓			9.80	6.08	5.33	0.75	0.75	0.00	4.56			✓	
21	木墩河		✓			5.80	5.81	5.81	0.00	0.00	1.21	3.97			✓	
22	楼村水		✓			11.33	7.80	6.02	1.78	0.00	0.07	5.1			✓	
23	楼村水北支			✓		2.53	3.10	3.10	0.00	0.00	0.00				✓	
24	新陂头水		✓			46.28	11.50	7.11	4.39	1.47	0.00	4.32		✓		
25	横江水			✓		7.84	4.39	2.35	2.04	1.11	0.00				✓	
26	石狗公水			✓		4.55	4.56	3.82	0.74	0.74	0.00		✓			
27	新陂头水北支			✓		21.50	5.34	5.34	0.00	0.00	0.00	3.69	✓			
28	罗仔坑水				✓	1.57	2.49	2.09	0.40	0.40	0.00				✓	

1.4.1.2 水闸

综合文案调查、现场查勘等多种调查手段的调查资料，对流域内的水闸进行统计，列明水闸名称、所在堤防（或河段）、建成年份、水闸规模、设计流量、闸孔尺寸等信息。水闸基本情况统计见表1.13。

表1.13 流域内水闸基本情况统计表

序号	水闸名称	所在堤防（或河段）	建成年份	水闸规模	设计流量	闸孔尺寸
1						
2						
...						

【例1.5】 对茅洲河流域的水闸基本情况进行统计。

【解答】 根据调查资料，水闸主要分布在中下游片区，由39座水闸组成。水闸统计见表1.14。

表1.14 水闸统计表

序号	水闸名称	所在堤防（或河段）	建成年份	水闸规模	设计流量 / （m³/s）	闸孔尺寸 / （m×m）
1	衙边涌水闸	衙边涌	2003	小（1）型	50	2×5
2	排涝河水闸	排涝河	1994	中型	100	4×5
3	岗头水闸	沙井河	1998	中型	230	3×10
4	塘下沟泵站水闸	塘下沟	2004	小（2）型	17.26	1×5
5	步涌同富裕水闸	道生围涌	2005	小（1）型	27.30	1×5
6	潭头泵站水闸	潭头渠	2003	小（2）型	11.29	2×5
7	七支渠泵站水闸	七支渠	2000	小（1）型	31	1×5
8	沙浦泵站水闸	沙浦渠	2000	小（1）型	60	2×5
9	松岗泵站水闸	松岗河	1998	小（1）型	21	1×5
10	沙浦西泵站水闸	沙浦西渠	2004	小（1）型	42	1×6
11	洪桥头泵站水闸	茅洲河	1996	小（2）型	30	2×1.9
12	罗田新4号水闸	茅洲河	2010	小（2）型	18	1×4
13	罗田新3号水闸	茅洲河	2009	小（2）型	2	1×0.8
14	罗田新2号水闸	茅洲河	2009	小（2）型	15	1×2.8

续表

序号	水闸名称	所在堤防（或河段）	建成年份	水闸规模	设计流量 / （m³/s）	闸孔尺寸 / （m×m）
15	罗田新 1 号水闸	茅洲河	2009	小（2）型	15	1×2.8
16	罗田旧 1 号水闸	茅洲河	1996	小（2）型	10	1×1.5
17	罗田旧 2 号水闸	茅洲河	2008	小（2）型	10	1×1.3
18	罗田旧 3 号水闸	茅洲河	1996	小（2）型	2	1×0.9
19	燕川 1 号水闸	茅洲河	1996	小（1）型	31	3×1.5
20	燕川 2 号水闸	茅洲河	1996	小（2）型	5	1×1.5
21	燕川 3 号水闸	茅洲河	2008	小（1）型	20	2×1.5
22	燕川 4 号水闸	茅洲河	2008	小（1）型	20	1×2.5
23	塘下涌 1 号水闸	茅洲河	1996	小（1）型	22.60	2×1.8
...						

1.4.1.3 泵站

综合文案调查、现场查勘等多种调查手段的调查资料，对流域内的泵站进行统计，列明泵站名称、所属街道名称、泵站位置、泵站性质、服务范围、设计重现期、设计流量等信息。流域内泵站基本情况统计见表 1.15。

表 1.15　流域内泵站基本情况统计表

序号	街道名称	泵站名称	泵站位置	泵站性质	服务范围	设计重现期	设计流量
1							
2							
...							

【例 1.6】 对茅洲河流域的泵站基本情况进行统计。

【解答】 根据调查资料，现状建设有 46 座雨水泵站，详情如表 1.16 所示。

表 1.16　泵站统计表

序号	街道名称	泵站名称	泵站位置	泵站性质	服务范围 /km²	设计重现期 /年	设计流量 / （m³/s）
1	公明街道	上下村雨水泵站（抽河道水）	公明街道办事处	雨水泵站	2.24	20	30.7
2		合口水雨水泵站（抽河道水）	公明街道办事处	雨水泵站	0.63	20	10.28

序号	街道名称	泵站名称	泵站位置	泵站性质	服务范围 /km²	设计重现期 / 年	设计流量 / (m³/s)
3	公明街道	合口水工业区雨水泵站	公明街道办事处	雨水泵站	0.07	2	1.0
4		合口水应急雨水泵站	公明街道办事处	雨水泵站	0.15	2	4.8
5		马山头雨水泵站（抽河道水）	公明街道办事处	雨水泵站	0.90	20	12.4
6		马田雨水泵站（抽河道水）	公明街道办事处	雨水泵站	2.77	20	32.6
7	松岗街道	东方七支渠泵站（抽河道水）	松岗街道办事处	雨水泵站	1.00	20	5.0
8		溪头排涝泵站	松岗街道办事处	雨水泵站	0.18	2	3.0
9		洪桥头泵站	松岗街道办事处	雨水泵站	0.08	2	2.4
10		罗田泵站	松岗街道罗田社区	雨水泵站	0.20	2	4.8
11		燕川泵站	松岗街道燕川社区	雨水泵站	0.41	2	8.8
…							

1.4.1.4 水库

综合文案调查、现场查勘等多种调查手段的调查资料，对流域内的水库进行统计，列明水库名称、所属街道名称、流域面积、设计洪水标准、校核洪水标准、校核洪水位、设计洪水位、正常蓄水位、死水位、总库容、调洪库容、正常库容、兴利库容、死库容、水面面积、多年平均年径流量、水库规模等信息。流域内水库基本情况统计见表 1.17 所示。

表 1.17　流域内水库基本情况统计表

序号	水库名称	街道名称	流域面积 /km²	设计洪水标准 / 年	校核洪水标准 / 年	校核洪水位 / m	设计洪水位 / m	正常蓄水位 / m	死水位 / m	总库容 / 万 m³	调洪库容 / 万 m³	正常库容 / 万 m³	兴利库容 / 万 m³	死库容 / 万 m³	水面面积 /km²	多年平均年径流量 / 万 m³	水库规模
1																	
2																	
…																	

【例 1.7】 对茅洲河流域的水库基本情况进行统计。

【解答】 根据调查资料，深圳市已建有石岩、罗田两座中型水库，26 座小型水库。东莞市长安镇境内已建小型水库 8 座。扩建中的水库有 2 座，包括鹅颈水库、公明水库。水库扩建后，现有的横江水库、迳口水库、罗村水库、石头湖水库等 4 座水库将被合并。详见表 1.18。

表1.18 现状水库统计表

序号	水库名称	街道名称	流域面积/km²	设计洪水标准/年	校核洪水标准/年	校核洪水位/m	设计洪水位/m	正常蓄水位/m	死水位/m	总库容/万m³	调洪库容/万m³	正常库容/万m³	兴利库容/万m³	死库容/万m³	水面面积/km²	多年平均年径流量/万m³	水库规模
1	石岩水库	石岩	44.00	100	2000	39.94	38.98	36.59	27.50	3198.80	1508.00	1690.80	1630.80	60.00	3.10	3960.00	中型
2	罗田水库	松岗	20.00	100	1000	35.69	34.98	33.09	17.19	2845.00	1145.00	2050.00	2000.00	50.00	1.97	1732.60	中型
3	长流陂水库	沙井	8.80	50	500	25.09	24.51	23.00	14.50	728.20	215.60	512.60	499.00	13.60	0.97	762.34	小(1)
4	五指耙水库	松岗	2.27	30	500	28.90	28.50	27.60	19.80	172.00	47.00	125.00	124.80	0.20	0.34	196.65	小(1)
5	老虎坑水库	松岗	2.12	30	500	33.97	33.56	32.50	22.00	118.68	28.68	90.00	87.00	3.00	0.11	183.66	小(1)
6	牛牯斗水库	石岩	0.96	20	200	89.12	88.69	87.58	77.23	93.70	14.90	78.80	73.20	5.60	0.11	83.16	小(2)
7	鹅颈水库	光明	5.70	30	500	57.72	57.02	55.54	44.07	583.00	132.00	451.00	398.00	53.00	0.55	490.20	小(1)
8	铁坑水库	公明	3.83	50	1000	21.88	21.28	20.00	8.80	402.17	103.17	299.00	295.92	3.08	0.16	329.38	小(1)
9	石狗公水库	光明	2.57	30	500	44.05	43.45	42.32	31.82	267.00	69.40	197.60	193.60	4.00	0.37	221.02	小(1)
10	莲塘水库	公明	2.93	30	1000	17.85	17.36	16.24	9.59	218.90	64.64	154.26	141.26	13.00	0.25	251.98	小(1)
11	横江水库	公明	5.50	30	500	26.59	25.81	23.86	19.50	166.00	122.00	44.00	43.50	0.50	0.29	473.00	小(1)
12	大凼水库	公明	2.45	30	500	27.92	27.46	26.52	22.12	156.49	53.49	103.00	96.26	6.74	0.33	210.70	小(1)
13	桂坑水库	公明	1.70	50	1000	22.24	21.40	20.00	10.00	135.47	38.75	96.72	84.91	11.81	0.16	146.20	小(1)

续表

序号	水库名称	街道名称	流域面积/km²	设计洪水标准/年	校核洪水标准/年	校核洪水位/m	设计洪水位/m	正常蓄水位/m	死水位/m	总库容/万m³	调洪库容/万m³	正常库容/万m³	兴利库容/万m³	死库容/万m³	水面面积/km²	多年平均年径流量/万m³	水库规模
14	白鸽陂水库	光明	1.31	30	500	35.55	35.14	34.23	26.13	104.00	24.00	80.00	76.00	4.00	0.16	112.66	小（1）
15	迳口水库	光明	2.33	30	500	57.11	56.34	54.46	41.83	97.93	26.93	71.00	68.00	3.00	0.10	200.38	小（2）
16	石头湖水库	公明	2.45	30	500	32.45	32.10	31.10	25.36	91.85	54.06	37.79	37.29	0.50	0.18	210.70	小（2）
17	碧眼水库	光明	0.95	30	500	42.05	41.94	41.11	32.00	80.00	14.00	66.00	65.00	1.00	0.18	81.70	小（2）
18	红坳水库	公明	1.11	20	200	86.34	86.15	85.60	84.20	79.30	8.30	71.00	16.00	55.00	0.13	95.46	小（2）
19	后底坑水库	公明	1.12	20	200	18.70	18.33	17.50	14.70	73.35	25.72	48.60	38.60	10.00	0.15	96.32	小（2）
20	阿婆髻水库	公明	1.17	20	200	60.57	60.24	59.35	50.00	61.85	13.64	48.21	48.21	0.00	0.11	100.62	小（2）
21	罗村水库	公明	0.50	30	500	32.45	32.10	31.10	28.70	44.70	17.80	26.90	20.20	6.70	0.10	43.00	小（2）
22	水车头水库	公明	0.89	20	200	81.28	81.05	80.00	70.00	43.00	8.70	34.30	33.30	1.00	0.07	76.54	小（2）
23	尖岗坑水库	公明	0.40	20	200	19.46	19.18	18.50	12.60	32.60	4.00	28.00	27.50	0.50	0.06	34.40	小（2）
24	望天湖水库	光明	0.16	20	200	18.27	18.12	17.79	16.13	14.39	3.01	11.38	8.69	2.69	0.06	13.76	小（2）
25	横坑水库	公明	0.30	20	200	18.20	17.92	17.40	15.00	13.90	3.90	10.00	8.67	1.33	0.05	25.80	小（2）
...																	

1.4.2 自然概况

河流具有行洪排涝、供水、灌溉、航运、景观、生态等多种功能，是重要的自然资源，河流的有机组成部分包括河道水体、两岸岸坡、各种水生生物等，具备天然属性，河流治理与其所属区域的自然资源概况息息相关。

河流综合治理工程需对自然概况进行调研和分析，涉及内容包括并不限于以下各方面：地理位置、地形地貌、区域地质、水文气象等。

1.4.3 社会经济概况

城市河流是指城区内用于防洪、排涝、引水、蓄水、排水及航运等功能的天然或人工水道。在城市社会经济发展进程中，城市河流的开挖或改造设计不单要考虑水力学因素，也不可避免地会影响到河道周边的生态、景观环境，对河道周围生物及群落造成影响，并同时受到周围社会活动和生物群落的影响。从这个层面上来说，城市河流不仅是一种自然资源，在开发利用过程中，也具有了社会属性。

河流综合治理工程前期准备对社会经济概况进行调研分析是必要的。调研内容包括并不限于以下各方面：行政区划、城市建设、人工规模、产业结构等。

1.4.4 河流综合治理工程现状

1.4.4.1 干支流河道现状

整合调查资料，详述流域范围内干支流功能、流向、起止点、长度、分段治理情况、河道断面、堤身现状、淤积情况、底泥情况、两岸截污现状、河床水体概况、河道两岸整治现状以及沿河建筑物概况，包括建筑物的建设时间、维修加固历史、现状使用情况等。通常各干流、支流依次分别描述，必要时分区段进行描述，也可以列表的形式整理现状河道的现状资料，样表见表 1.19 和表 1.20。

表 1.19　河道防洪现状表

序号	河流名称	规划防洪标准/年	流域面积/km²	河流长/km	暗涵长度/km	暗涵率/%	达标长度/km	达标率/%
1								
2								
3								
4								
...								

表1.20 河道护砌现状统计表

河道中心桩号		水面宽度	长度		护砌形式		备注	
起点	终点		左岸	右岸	左岸	右岸	左岸	右岸

【例1.8】 说明某流域内干支流河道治理现状情况。

【解答】 （1）某流域干流现状。

M河干流宝安片区段从白沙坑汇入口到出海口，总长19.71km。目前从白沙坑—107国道桥两侧及107国道桥—塘下涌左侧部分河道已整治完毕，防洪标准基本达到100年一遇，其他河段防洪工程正在实施。

干流分段治理情况如下：

1）白沙坑—塘下涌。河道长约7km，除107国道桥—塘下涌右侧厂房处无整治，其余都已整治完成，堤身断面为斜坡式，堤顶道路大部分能连通。从白沙坑至洋涌河水闸处两侧堤脚处有截污箱涵，截排的污水直接汇入了茅洲河。虽然刚刚整治完成，但河道淤积依旧严重，裸露的淤泥上杂草丛生，垃圾堆积严重，河床大部分处于干枯状态。

2）塘下涌—共和社区第六工业区泵站水闸。该段为界河城区段，河道长约7.35km，河道无整治，河道两岸房屋密集，大多为民房、商场、厂房、菜地等，堤顶高程约为2.30～5.10m，河道现状按照100年一遇设计水位为3.31～7.01m，尤其沙井河以上堤段地面高程均低于100年一遇设计水位。

3）共和社区第六工业泵站水闸—入海口。该段为界河海堤段，河道长约4.5km，河面宽阔，东宝大桥下游河面宽超过400m，河道无整治，多为自然驳岸，至入海口处，两侧植被、灌木茂盛。

4）穿堤建筑物。沿线旧闸、危闸众多，涵闸年久失修。

（2）M河支流现状。

沙井河通过整治，防洪标准达到20年一遇，其他河道局部达标，达标率为42%。将18条支流根据河流功能属性，分为保留河流综合功能的河流和市政排水渠道两大类。其现状情况分述如下：

1）保留河流综合功能的支流现状。

罗田水。河道长约8.90km，河道多为浆砌块石矩形、梯形明渠；沿河巡视道路基本畅通。

龟岭东水。河长3.19km，河源—东尼尔公司段长0.46km，为天然河道、自然断面；东尼尔公司—塘下涌大道段长1.42km，为浆砌石矩形明渠；塘下涌大道—燕景华庭段长 0.51km，为暗渠；燕景华庭—河口段长 0.80km，为浆砌石矩形明渠。沿河巡视道路基本畅通，在燕景华庭下游部分沿河巡视道路被民房占据。

老虎坑水。河长 3.69km，溢洪道末端—塘下涌大道段长 2.19km，部分为天然河道、自然断面，其余为浆砌石矩形明渠；塘下涌大道—河口段长 1.35km，浆砌石矩形明渠及少部分暗渠，其中暗渠长 0.22km。塘下涌大道上游段沿河建筑物较少，沿河巡视道路基本畅通。

塘下涌。河长 5.81km，塘下涌工业区以上长河段为 1km，为浆砌石矩形明渠、暗渠，其中暗渠长度为 0.67km；塘下涌工业区以下—河口段长 2.35km，为浆砌石矩形明渠。在 107 国道上游左岸及上下游右岸，建有围墙、多层厂房、民房，沿河巡视道路不畅。

沙井河。河长 5.93km，岗头水闸—松岗河入口段长 3.13km，为浆砌石矩形明渠，部分为土堤；松岗河入口—河口段长 2.80km，为浆砌石矩形及梯形明渠，部分为土堤、自然断面。

潭头河。河长 8.97km，河源—潭头村第二工业城段长 0.60km，为暗渠；潭头村第二工业城—金动发电机厂段长 0.32km，为浆砌石矩形明渠；金动发电机厂—广深公路上游段长 1.10km，为暗渠；广深公路上游—潭头村上游段长 1.81km，为浆砌石矩形明渠。

松岗河。河流长 8.99km，西水源引水渠以上为 4.05km，为暗渠、天然河道和自然断面相间；西水源引水渠—广深高速公路 4.45km，为浆砌石矩形明渠；广深高速公路—河口 0.49km，为天然河道、自然断面。在河道管理范围内部分位置建有工厂、围墙等，影响河道的巡视道路畅通。

排涝河。河流长 3.45km，河道为浆砌石明渠，少部分为土堤，河道断面为矩形、梯形及草皮护坡形式。沿河两岸大部分巡视道路畅通，在河道管理范围内个别位置有少量平房及工业厂区，影响河堤巡视。

新桥河。河流长 6.19km。长流陂溢洪道出口—广深高速公路段长 1.90km，为浆砌石梯形明渠，复式断面；广深高速公路—广深公路段长 0.92km，为浆砌石梯形明渠；广深公路—河口段长 2.85km，为浆砌石梯形明渠，复式断面。两岸管理范围内被厂区及住宅占据的河段较多，沿河巡视道路不畅通。

上寮河。河流长 6.65km，广深高速公路—黄浦路段为浆砌石梯形明渠、复式断面；黄浦路—7 号桥上游段为浆砌石梯形明渠；7 号桥上游—新沙路段为浆砌石梯形明渠、复式断面；新沙路下游段为浆砌石矩形明渠及暗渠（1.10km）；河口段长 0.70km，为天然河道。河道管理范围内有大量建筑物，如黄埔路上游右岸围墙、广深公路下游两岸平房、7 号桥上游左岸围墙及多层楼房等，严重影响河道巡视。

万丰河。河流长 4.52km，万丰水库—上南路口段长 1.52km，为浆砌石矩形明渠，部分河段损坏；上南路口段—创新路段长 0.55km，为暗渠；创新路—河口段长 2.45km，为暗渠。

2）退化为市政排水渠道支流现状。

沙浦西排洪渠。河长 5.48km，河道为浆砌石矩形明渠，河道巡视道路基本畅通。

潭头渠。河长 3.02km，河道为浆砌石矩形明渠（其中暗渠约 50m），沿河巡视道基本畅通。

东方七支渠。河长 3.22km，全河段已按 50 年一遇防洪标准整治。河源—广深高速公路段长 1.20km，该段为浆砌石暗渠；广深高速公路—河口段长 0.70km，为浆砌石矩形明渠。河道两岸主要是民宅和工业厂区。

共和涌。河长 1.27km，共和闸以上河道已整治，为长 1km 的浆砌石矩形明渠，共和闸以下 0.27km 河道为天然河道。河道整治段两岸民房临河建成，沿河长达 880m，大部分河段无巡视道路。

石岩渠。河长 7.04km，已按 50 年一遇防洪标准整治。河源（万丰水库旁）—北环路段长 6.65km，为暗渠；北环路—河口段长 0.39km，为浆砌石矩形明渠。

衙边涌。河长 3.13km，辛居桥—北帝堂路桥上游段长 0.58km，为浆砌石矩形明渠；北帝堂路桥上游—西环路段长 0.60km，为暗渠；西环路—河口段长 1.50km，为浆砌石矩形明渠；支流长 0.45km，为浆砌石矩形明渠与暗渠部分民房临河而建。

道生围涌。河长 2.23km，全河段已整治，为感潮涌，河口建有道生围水闸挡潮。上游段 0.23km 为浆砌矩形明渠，渠宽 0.80～1.50m。沙井路—河口段长 1.92km，为暗渠。

【例 1.9】 说明某流域内河道防洪治理现状情况。

【解答】 该片区现有防洪（潮）排涝体系主要遵循"蓄泄结合"的原则，石岩河及支流的水汇入石岩水库，石岩水库下泄洪水经溢洪道排入铁岗水库，铁岗水库的下泄洪水经西乡河、西乡大道分流渠、铁岗水库排洪河向下游转输至珠江口。

该片区现有 11 条河流，总长 35.10km，其中已经达到规划防洪标准的河段长 20.36km，占区内河道总长的 58%；尚未达到规划防洪标准的河段长 14.74km，占区内河道总长的 42%。河道防洪现状见表 1.21。

表 1.21 河道防洪现状表

序号	河流名称	规划防洪标准/年	流域面积/km²	河流长/km	暗涵长度/km	暗涵率/%	达标长度/km	达标率/%
1	石岩河	50	26.89	6.35	0.00	0	3.72	59
2	沙芋沥	20	3.21	3.40	0.00	0	2.46	72
3	塘坑河(樵窝坑)	20	3.33	3.80	0.00	0	3.70	97
4	龙眼水	20	3.64	3.69	0.66	18	2.70	73
5	石龙仔	20	1.49	1.89	0.92	49	1.89	100
6	水田支流	20	3.27	1.79	0.00	0	0.00	0
7	田心水	20	1.67	2.28	1.33	58	0.48	21
8	上排水	20	1.46	2.98	1.28	43	1.20	40
...								

1.4.4.2 河流水系演变分析

根据历史与现状水系对比分析，从洪水出路、排入水体、洪峰流量、河道断面、两岸岸边现状等情况分析河流水系的变化。

【例 1.10】 分析某河道水系演变概况。

【解答】 根据历史及现状水系对比分析，石岩河宝石东路上游段由于龙大高速公路的建设改变了原石岩河上游段的水系布置，原排入石岩河干流的两条支流民营路干管，牛牯斗水库排洪渠的洪水出路变成水田支流，石龙仔路主排水涵管、牛牯斗水库排洪渠 20 年一遇的洪峰流量为 27.80m³/s、30.38m³/s。增加了水田支流的防洪排涝压力，由于现状水田支流的河道断面仅有 3.0m×3.0m，行洪能力严重不足，致使水田支流两岸每遇暴雨必受内涝，两岸居民及工业厂房深受其害，水田支流河道两岸是石岩街道受涝最严重的地区。

1.4.4.3 排涝现状

整合调查资料，详述流域排涝分区、受涝面积、易涝点位、受涝原因、现状排涝标准、排涝建筑物位置及数量、排涝建筑物规模、排水设施现状等。为使现状阐述更为清晰，可另附排涝分区图、排涝工程图、易涝点分布图、内涝点特性表、排涝建筑物汇总表等图表（此处从略）。排涝现状调查统计样表见表 1.22 ～表 1.27。

表 1.22　现状排水泵站样表

序号	街道名称	泵站名称	泵站位置	泵站性质	服务范围 /km²	设计重现期 / 年	设计流量/（m³/s）

表 1.23　拟改扩建排涝泵站现状信息样表

序号	泵站名称	泵站位置	控制面积	设计流量 /（m³/s）	现状流量 /（m³/s）	运行现状	改建方式	现状图片

表 1.24　排涝工程现状样表

行政区域	站址名称	排涝面积 /km²	排涝流量 /（m³/s）	已有排涝站			
				装机 / 台套	装机功率 /kW	排涝流量/（m³/s）	备注
凉亭乡							

表 1.25 现状易涝点统计样表

序号	社区	编号	易涝区名称	最大内涝水深 /m	承泄区名称	内涝原因分析

表 1.26 内涝点特性表示例

编号	位置	承泄区	内涝原因
SY01	祝龙田路龙大高速桥涵	水田支流	①地势低洼；②排水管网不完善；③周边工地未做好水土保持措施，泥沙冲入排水管道，堵塞排水管道。每遇强降雨即内涝严重
SY02	石龙仔山洪及石龙路		上游源头山脚的无序开发，山塘填埋作为建筑用地，丧失了滞洪调蓄功能，且填土为松散土，雨季水土流失非常严重，致使石龙路下 4.5m×2.0m 箱涵全淤满，雨季石龙路变成泥沙河水通道
SY03	石龙仔社区创业路与民营路段		排水管网不完善
SY04	石龙大道		①道路地势低洼，周边及石龙路等道路雨水均汇入石龙大道；②道路雨水收集系统不完善，雨水不能及时排入排水管道；③石龙大道旁水田支流过水断面小，排洪能力不足，雨季河道洪水顶托壅高至路面，致使路面内涝严重
SY05	水田社区原农商行片区	石岩河	区域内部排水管网不完善，管径过小，过流能力不足以及雨水收集系统缺少淤堵
SY06	上屋大道与宝石西路交汇处		①地势低洼；②道路雨水箅数量太少；③排水系统排水能力不足

表 1.27 内涝风险评估表样表

序号	社区	城市现状易涝点数量 /个	内涝高风险区面积 /km²	内涝中风险区面积 /km²	内涝低风险区面积 /km²	备注

【例 1.11】 说明某流域内排涝现状情况。

【解答】 M 河中下游地区地势低洼，地面平均高程为 1.00～2.30m，界河 2 年一遇高潮位 2.40m 以上，沿河两岸涝水需建泵站抽排至河道。该区域共有燕罗、塘下涌、沙浦西、沙井—排涝河、公明、衙边涌及桥头 7 个涝片，受涝面积约 20km²。现状有 33 个易涝点，主要分布在上寮河、衙边涌及罗田水等流域，受涝原因主要为地势低洼、排水管网不完善。现状沙井—排涝河涝片基本达到排涝标准，其他涝片存在泵站排涝能力不足、雨水管收集系统不完善、涝片不封闭等问题，其中 19 处开展了排涝应急工程。涝片主要采用"高水高排、低水抽排"的治理原则，通过排水管涵、渠道收集雨水，通过闸、涵封闭涝片，涝水通过泵站外排。现状已建泵站 58 座，总排水规模为 376.99m³/s。排涝分区现状情况见表 1.28。

表 1.28　排涝分区现状特性表示例

片区名称	受涝面积 /km²	已建泵站		在建泵站		是否满足内涝防治标准
		数量/个	抽排能力/（m³/s）	数量/个	抽排能力/（m³/s）	
燕罗片区	2.48	5	41.11	—	—	不满足
山门社区第三工业区	0.56	—	—	—	—	不满足
塘下涌片区	2.18	2	9.60	1	37.80	满足
沙浦北片区	3.82	7	21.78			不满足
沙井河—排涝河片区	14.70	34	74.91	2	182.10	满足
衙边涌片区	2.38	1	36	—	—	不满足
桥头片区	4.83	9	15.97	—	—	不满足

1.4.4.4　防洪（潮）现状

整合调查资料，详述防洪（潮）能力、洪（潮）水位、防洪（潮）措施、洪灾形成原因、行洪断面现状及存在的问题等。

【例 1.12】　说明某流域内防洪（潮）现状情况。

【解答】　流域中下游片区现有防洪（潮）体系主要遵循"以泄为主，以蓄为辅"的原则，由干流及其 18 条支流等河流（河流总长 96.56km），4 座水库，39 座水闸组成。流域中下游两岸地势低洼，受外海潮位顶托影响洪水外排受阻，导致区域洪涝灾害频发。水库主要功能为供水，均未设置防洪库容。干流从白沙坑到出海口河段，总长 19.71km，2010 年 12 月完成界河清淤清障工程，滩地及码头被清除，增大了行洪断面，两岸防洪能力由不到 5 年一遇提高至 10 年一遇。18 条支流大部分已进行过整治，但普遍存在硬质岸坡或直立挡墙、建筑物侵占河道、防洪道路不通畅等问题，60% 的河道达不到防洪标准。流域中下游片区，防洪形势依然严峻。现状存在的主要问题如下。

（1）外海潮位顶托造成区域洪涝灾害频发，缺乏针对性的防潮措施。流域内干、支流长度为 96.56km，感潮河段有 39.90km。其中干流感潮河道为 11.90km，占干流河道总长度的 60%；支流感潮河道长 28km，占支流总长度的 34%。外海多年平均高潮位为 1.21m，实测高潮位达 3.30m。河口感潮河段两岸建成区地面高程为 2.60～3.60m。区域暴雨遭遇外海潮位，河道内洪水受潮位顶托洪涝灾害频发。但目前防洪体系并没有考虑有针对性的挡潮措施。

（2）大部分河道防洪不达标。近年来，针对流域防洪排涝存在的问题，进行了一系列的整治工程。现状干流防洪能力为 10～100 年一遇的防洪标准，已达到规划防洪标准的河道长度为 9.71km，占干流河道长度的 49%。支流已经达到规划防洪标准的河道长度为 35.14km，占支流河道长度的 42%。

（3）河道暗渠率高，淤积严重，导致过流能力减小。18 条支流，其中有暗渠的支流达到 11 条，占 61%，有些暗渠淤积严重，且清淤困难，防洪标准严重不达标。

（4）巡河道路不畅通，见图 1.2。河道两岸尤其是支流，建筑物密集紧邻岸边，拆迁困难导致道路时有断头，不畅通，汛期抢险困难。

图 1.2 支流防洪通道不通畅现状

（5）部分河道硬质渠化，见图 1.3，没有配套的河道景观。城建区河道多为梯形断面、硬质挡墙和护坡，局部堤防或挡墙过高，河道生态功能缺失，景观、环境极差。部分河道防洪墙顶高程远高于地面高程，阻断了人与河道的沟通，缺乏亲水设施及滨水活动空间。

图 1.3 支流硬质化严重

（6）部分河道挡墙建设年代久远，破损严重，墙脚有淘空现象，存在安全隐患。

（7）根据现场踏勘情况，流域内河道淤积严重，特别是支流暗渠河段，侵占了行洪断面，造成防洪标准下降。

1.4.4.5 雨水工程现状

整合调查资料，详述流域所属行政区域内排水体制、排水系统、排水管网、排水建筑物等。为使现状阐述更为清晰，可另附排水管网布置图、排水管网统计表等（此处从略）。

【例 1.13】 说明某流域所属行政区域排水工程现状情况。

【解答】 现状排水体制为雨污合流制，现状合流制排水管道埋深较浅，管径较小，且布置零乱，未形成完善的系统。已修建雨水管渠总长度约 1002.43km，新建区域为雨污分流制，旧区为截流式雨污合流制。其中，合流制管网长度约 234.63km，合流制排水明渠长度约 170.62km，分流制雨水管约 445.64km，分流制雨水渠约 177.56km。区块内部雨水污水管道混接错接较为严重，布置零乱，未形成完善的系统。

（1）新和路双侧铺设 DN800mm ～ DN1500mm 雨水管及 2.5 m×2.5m ～ 3.0m×3.0m 雨水渠。

（2）北环路两侧铺设 DN400mm ～ DN1200mm 雨水管。

（3）新沙路两侧铺设 DN600mm ～ DN1000mm 雨水管。

（4）创新路两侧铺设 DN600mm ～ DN1000mm 雨水管及 2.0m×2.0m 雨水箱涵。

（5）宝安大道、中心路双侧铺设有 DN600mm ～ DN1500mm 雨水管。

（6）广深公路双侧铺设有 DN400mm ～ DN1000mm 雨水管及 0.8m×0.8m ～ 0.8m×1.0m 雨水箱涵。

（7）广田路双侧铺设有 DN400mm ～ DN1200mm 雨水管。

（8）广深公路双侧铺设有 DN400mm ～ DN1200mm 雨水管及 4.0m×2.5m 雨污混流箱涵。

（9）宝安大道双侧铺设有 DN500mm ～ DN1500mm 雨水管。

（10）沙江路、洪湖路、创业路、楼岗路局部路段铺设有 DN600mm ～ DN1000mm 雨水管。

其中沙井、松岗片区主要管网统计见表 1.29 和表 1.30。

表 1.29　沙井、松岗现状市政管渠统计表

序号	街道名称	现状建成区面积 /km²	雨污合流管网长度 /km	雨水管网长度 /km	合流制排水明渠长度 /km	雨水明渠长度 /km
1	沙井	42.91	18.49	102.23	0.82	29.17
2	松岗	45.41	93.61	99.69	83.10	29.44

表 1.30　沙井、松岗现状雨水管渠重现期统计表

序号	街道名称	管渠长度 /km						
		小于 1 年一遇	1 年一遇	1～3 年一遇（不包括 1 年和 3 年）	3 年一遇	3～5 年一遇（不包括 3 年和 5 年）	5 年一遇	大于 5 年一遇
1	沙井	0	88.73	50.08	3.64	0	0	2.58
2	松岗	0	218.92	69.12	9.32	0	0	14.16

1.4.4.6　水生态现状

水体环境的优劣直接影响水生态环境，水生生物对许多物质，特别是外来的污染物质的敏感性以及积累、转移作用，使他们在研究物质对生态系统的生态毒理影响和生态系统的演替、稳定性等方面具有重要地位。根据对水体各种指示生物、指数、群落结构等的调查分析可以评价和监测水质。

整合调查资料，简述大型水生植物、河槽和岸带植物的种类和分布状况，并拍照记录现场水生植物的生长情况，对水生植物的范围进行估测。调查浮游藻类的种类和数量，并进行标本采集和计数。调查浮游动物的种类和数量，并进行标本采集和计数。统计底栖动物的种类和数量，并进行标本采集和计数。统计鱼类的种群和数量，并进行标本采集和计数。通过鱼类生物量状况，评价流域内不同河段（典型河段）环境状态、鱼类群落结构、鱼类生态畸形率等。水生态调查样表见表 1.31，水生态调查结果统计见表 1.32～表 1.36。

表 1.31　采样点位及数量样表

样点编号	河道	河流性质	经纬度	采样种类	采样数量

表 1.32　河道水生植物类群样表

河道	植物类群	优势种类

表 1.33 河道浮游藻类类群样表

样点编号	河道	藻类种群数量	主要藻类物种	藻类细胞密度	藻类生物量	优势种	Palmer 藻类污染指数

表 1.34 河道浮游动物类群样表

样点编号	河道	浮游动物种群数量	主要动物物种	浮游动物密度	浮游动物生物量	Shannon-wiener 指数	E/O 值

表 1.35 河道底栖类群样表

样点编号	河道	底栖动物种群数量	主要动物物种	底栖动物密度	底栖动物生物量	Shannon-wiener 指数	BMWP 记分

表 1.36 河道鱼类种群样表

样点编号	河道	鱼类种群名	数量	鱼龄	体长	体重

1.4.4.7 滨水景观现状

整合调查资料，简述河岸绿地面积、栽种植物种类数量、岸边建筑物概况、沿河道路概况、居民亲水设施概况等。滨水景观现状汇总见表 1.37。

表 1.37 水景观现状汇总样表

序号	河流名称	河道总长 /km	蓝线宽度 /m	周边用地	景观现状	现状照片

【例 1.14】 说明某河道滨水生态现状情况。

【解答】 20 世纪 80 年代以来，西海岸随着城市的高速发展，绿地面积锐减，现状城市建成区绿地严重缺失，绿地斑块缺乏有效联系，绿地生态系统脆弱，城市生态安全受到越来越多威胁，保护现有的山体、湖泊、河流是迫在眉睫的使命。

河道多穿越城市生活区，周边主要为工业区、居住区及商业区，开发强度大，建筑密集。局部河段被建筑物挤占，空间有限，局部河段周边存在较大绿地空间。河道上游水量较少，泥沙较多；下游多为感潮河段，水量可以形成水面，但河道淤积，水质浑浊黑臭，影响周边居民生活。河道普遍硬质渠化，部分河段存在沿河绿荫带，生态本底较好，但植被单一，缺乏层次感。

河岸现有沿河道路，局部河道巡河路贯通。河道空间单一，缺乏亲水设施及滨水活动空间。

1.4.4.8 河流水环境现状

整合调查资料，说明河流水体外观、污水排放或截污工程实施现状、水质标准、水质污染原因、水环境治理工程实施现状等。水环境调查汇总见表 1.38。

表 1.38 排污口现状调查汇总表

序号	水体名称	排污口编号	排污口类型	调查时间	天气	经纬度	顶面高程/底面高程	材质	断面形式	规格	调查地段	末端控制现状（整治/废弃/封堵/直排）	其他情况（挡墙形式/有无拍门等）

【例 1.15】 说明某河道水环境现状情况。

【解答】 根据现场踏勘情况，受上游石龙村土地开发影响，干流上游水土流失严重，河道上游水体呈土黄色；中游在城区漏排口的影响下，水体逐渐变为黄褐色；下游及河口受壅水影响，水体基本处于停滞的黑臭状态且表面存在浮渣等面源污染物。左岸支流中，龙眼水起点及上游段水体清澈，中下游段受城区漏排污水污染，水体逐渐变为黄褐状；樵窝坑两岸基本无漏排污染，全河段水体清澈；沙芋沥起点水体清澈，中下游段受城区漏排污水污染，水体逐渐变为黄褐状及黑臭状；右岸支流中，上排水及田心水基本穿越城区并暗涵化，出口水体呈黄褐色；水田支流上游承接石龙暗渠、牛牯斗水漏排污水与基流的混流水，水体呈黄褐色，中下游段受城区漏排污水污染，水体逐渐变为黑褐状。

根据 2014 年 7 月 16 日及 17 日取样检测结果，石岩河及其支流上排水、田心水、水田支流、龙眼水中下游段、樵窝坑下游段、沙芋沥中下游段现状水质属于劣 V 类标准；

龙眼水、樵窝坑及沙芋沥上游段现状水质均较好，基本可达到Ⅲ类水标准。

流域水环境治理工程主要实施了以下内容：

（1）沿干流从上游到中游洋涌河闸附近修建了干流截污工程，长度约 11km（双侧 22km），主要采用钢筋混凝土箱涵形式，修建于主干河道堤防外侧，用于将河道两侧排水口截流。

（2）在流域范围内实施了雨污水分流管网建设工程。目前，已建成主管网 269km、支管网 161km。

（3）已建成沙井、燕川两座污水处理厂，处理能力各 15 万 m^3/d。其中，沙井污水处理厂管网收集范围有 30% 的面积在流域范围以外，如果沙井在二期扩建 35 万 m^3/d，总处理规模达到 50 万 m^3/d 以后，实际处理流域的污水量约 35 万 m^3/d。

（4）此次工程范围内规划建设 12 处分散处理设施，采用一级强化处理工艺，总处理规模为 30.20 万 m^3/d。其中，第一批 7 处分散处理设施整体打包，总处理规模为 12.20 万 m^3/d，分别位于沙浦西、松岗排涝渠、松岗沙浦排涝渠、道生围涌、潭头渠、潭头河、上寮河；第二批 3 处分散处理设施整体打包，总处理规模为 15.70 万 m^3/d，分别位于洋涌河处、老虎坑、龟岭东；第三批 2 处，一处位于西部海湾，规模为 2 万 m^3/d，另外一处位于江碧工业区，尚待实施。

现状河道主要配水水源为沙井、燕川、公明及光明污水处理厂处理后的尾水，总规模约 55 万 m^3/d。公明污水处理厂尾水配水进入新桥河，规模 1 万 m^3/d；其他三个污水处理厂尾水直接进入干流，规模各为 15 万 m^3/d。

1.4.4.9 河流水量水质监测现状

整合调查资料，说明河流水量水质监测手段、监测位置、监测结果等，见表 1.39～表 1.41。

表 1.39 河道现状水质统计表

点位	河道桩号	水质	备注

表 1.40 河道水质未达标统计表

分类	超标指标	河道名称	对应河道桩号	备注
水质未达标准				（简要说明原因）

表 1.41 河道水质重金属污染现状统计表

分类	河道名称	超标河道桩号	超标指标	备注
底泥未达标准				（简要说明原因）

【例 1.16】 说明某河道水量水质监测现状情况。

【解答】 干流起点混流水量为 0.54 万 m^3/d，需通过总口截流措施截至干流新建截流管涵中；左岸 3 条支流汛期上游清洁基流总量为 1.50 万 m^3/d，枯水期上游清洁基流总量为 0.30 万 m^3/d，年均清洁基流总量为 1.30 万 m^3/d，结合两岸新建截流系统可剥离释放至干流作为补水水源；右岸 3 条支流混流水总量为 5.45 万 m^3/d，需通过总口截流措施截至干流新建截流管涵中。河道水质监测结果见表 1.42。

表 1.42 河道水质监测结果

河流名称	监测位置	水质监测结果 /（mg/L）			
		化学需氧量（COD）	五日生化需氧量（BOD$_5$）	氨氮（NH$_3$-N）	总磷（TP）
石岩河	河口截流闸处	228.00	5.91	6.22	2.80
	龙大高速路涵处	106.80	15.38	6.5	6.95
龙眼水	与干流交汇口处	44.60	20.30	5.51	0.86
	上游暗涵出口处	14.00	4.46	0.22	0.22
樵窝坑	与干流交汇口处	47.00	19.20	28.69	2.41
	上游起点处	24.00	未检出	0.06	未检出
沙芋沥	与干流交汇口处	40.70	14.20	31.54	16.40
	上游起点处	14.50	5.40	0.45	0.18
上排水	与干流交汇口处	180.00	32.94	9.23	3.71
田心水	与干流交汇口处	228.40	33.06	8.27	3.74
水田支流	与干流交汇口处	128.00	35.01	7.69	2.55
Ⅲ类水体指标值		20	4	1	0.2
Ⅴ类水体指标值		40	10	2	0.4

1.4.5 河流综合治理现状存在的问题

比较现状与治理目标之间的差距，分项详细描述现状存在的实际问题，除河道相关的过往灾害历史外，还应整理历年来针对河道及周边进行的各项工程措施，分析工程措施对于河道治理的影响，总结现状问题出现的原因。此外，河流并非纯自然资源，在与人类社会共存的漫长岁月中不可避免地沾染了社会属性。分析河流综合治理现状时还应结合新形势、新政策的变化对河道提出的新要求，充分考虑社会发展的需要，满足河流的社会、经济、环境、文化需求。

存在的问题涉及多个专业的多个方面，在罗列过程中应注意不重复、不遗漏、详尽准确，建议按专业分门别类进行描述，并配图片影像。

1.4.5.1 防洪存在的问题

总结上述调查结果，逐一分析是否满足规划要求，或本身存在的安全隐患。例如，说明现状防洪体系组成、具备的防洪能力、现状防洪标准、与目标防洪标准之间的差距；说明河道现状防洪标准、是否满足目标防洪标准的要求；说明河道现状影响行洪的因素；说明河堤堤顶道路、沿河交通路概况及存在的问题；说明堤防、挡墙质量问题，行洪断面概况及存在的问题；说明河道淤积、河道底泥概况及对河道的影响等。

1.4.5.2 排涝存在的问题

总结上述调查结果，逐一分析是否满足规划要求，或本身存在的安全隐患。例如，说明历史涝灾及其成灾原因；说明排水管网系统的建设现状，新旧管网的规模、走向、接驳等问题；说明泵站的数量、位置、规模及运行维护现状；说明排涝闸的数量、位置、规模及运行维护现状；说明现状具备排涝能力及与目标排涝标准的差距等。

1.4.5.3 水环境治理存在的问题

总结上述调查结果，逐一分析是否满足规划要求，或本身存在的安全隐患。例如，说明水资源利用量与水资源开发量；说明水质污染现状及与水质治理目标间的差距；说明截污工程系统布设及截污效果；说明进厂水质情况；说明污水处理厂位置、数量、规模、污水处理能力；说明工业污染及对河道的影响；说明潮水回灌范围及对河道的影响；说明底泥污染源、污染程度及对河道的影响等。

1.4.5.4 水生态存在的问题

总结上述调查结果，逐一分析是否满足规划要求，或本身存在的安全隐患。例如，说明河道大型水生植物种类、分布、数量及生境评价；说明浮游藻类的种类组成、细胞密度、浮游藻类生物量以及浮游藻类的优势种群；说明浮游动物的种类组成、动物密度、浮游动物生物量、浮游动物的种群结构以及 E/O 污染指数分析；说明底栖动物的种类组成、动物密度、底栖动物生物量、底栖动物群落多样性以及 BMWP 记分；说明鱼类的种类组成、群落健康分析等；通过对水生植物、藻类、浮游动物、底栖动物、鱼类等方面的研究，分析水生动植物与水体环境之间的关系，从水生态的角度论证水质的问题等。

1.4.5.5　水务管理存在的问题

总结调查结果，逐一分析是否满足规划要求，或本身存在的安全隐患。例如，说明主管单位现状、工作人员数量、管理工作部门、主管工作等；说明管理单位的管理体制、管理职责等。

1.4.6　成因分析

1.4.6.1　自然因素

地形、地貌、地质、降水、气候等天然因素机缘巧合，往往是造成河道洪涝、水环境问题的首要成因。例如，深圳市宝安区位于西部沿海，全区地面高程 3m 以下的低洼区域面积 41km²，占总面积的 11%。该区属南亚热带海洋性季风气候区，多年平均年降雨量为 1700mm 以上。降雨量时空分配极不平衡，汛期降雨量约占全年降雨总量的 80% 以上，且多以暴雨的形式出现，夏季常受台风侵袭，极易形成暴雨，发生洪涝灾害。受涝区域主要位于茅洲河中下游地区，区域内洪水的排泄受珠江口潮水位的顶托。如果说特大暴雨是祸首，那么潮水顶托是帮凶。根据赤湾站资料统计，多年平均最高潮位为 2.12m，现状城市地面高程为 1.50 ~ 4.50m。因此，暴雨与较高潮水位遭遇时，增加了洪涝灾害发生的频率及经济损失。茅洲河无上游水源补充，水环境容量小。下游为感潮型河段，长约 13.02km，水动力不足，导致河水污染、近岸海水交叉感染，黑臭加剧。

1.4.6.2　都市建设因素

城市河道无法独立于人类社会发展，不断地受到城市和社会发展的制约与影响。城市开发过程中占用河道、排放污水、河道硬化渠化、河道暗渠化、海岸线外移等，以及城市下垫面改变、植被减少等原因，大大影响了河道的演变。随着城市经济社会的发展、城市化进程的加快和公共设施的建设，由于缺乏系统规划，片区城市开发基本无竖向规划指导，造成早期开发的区域地势较低，后期开发的区域地势高于早期开发的区域，加之早期开发的区域城市排水管网的设计标准相对较低，造成局部旧城区出现水浸。近 60 年来，沿海城市海岸线已普遍向外推移；流域片区内水面面积也持续萎缩。城市建设过程中，河流被不同程度覆盖，有的河道甚至已经或几乎全线暗渠化，退化为市政排水纳污涵。原农田、水塘逐步成为城市地区，导致水面率下降。城市的地形地貌和下垫面条件发生大幅改变，地面硬化、水面和植被减少、不透水面积的扩大都使得地表径流系数增大，导致洪峰提前、洪量增加、平原调蓄涝水能力弱化，原来达到标准的防洪排涝系统则不再满足要求，导致雨水不能及时排入排水系统而受涝。同时，开山采石、山林植被的破坏以及环山的建设造成山水蓄水能力的减少，山洪无法得到缓冲而直接冲击城区，进一步加大城市的排涝压力。城市的快速建设，尤其是市政骨干道路建设割裂原有水系，调整了泄洪通道，改变了自然水系格局、打破了原有水循环系统，蓄水面积与河网密度减少，严重阻碍了洪涝水的调蓄和排泄。同时也产生了下穿式立交、地下空间等新的防涝重点区。

1.4.6.3 工程体系因素

河道是生态环境的组成部分，在整个地球生态系统中，河流是连接陆地生态系统与海洋生态系统的最重要桥梁，是水生生物、陆生生物相互依赖的纽带。人类对于河流的改造历史伴随人类社会的发展源远流长，不可避免地受到当时当地经济社会发展的制约。早期鉴于工程建设不成体系，工程建设往往只为解决一时一地的表观问题，没有将其作为系统工程进行全面考量，造成工程重复或遗漏，没有解决源头问题和水生态系统平衡问题，进一步导致水质恶化，严重影响人们的生活环境。

对于典型的城市河流，尤其是沿海填海区域，往往早期建设的部分防洪、排涝工程体系亟待完善，河道淤积及被侵占的现象十分严重，加之填海造地工程的逐步实施，恶化了防洪、排涝工程运用的边界条件，降低了工程体系的防洪、排涝能力，部分早期建设的工程体系其排水防涝能力已经不满足城市防洪减灾的要求。防洪排涝方面，现状河道部分河道防洪标准偏低，有的河流仅满足 5 ~ 10 年一遇，排涝泵站规模偏小，防洪标准甚至低至 1 ~ 2 年一遇；近年来，新建泵站部分存在排水管网与泵站规模不匹配的问题；排水管网建设与污水厂建设不同步，已建管网不成系统，导致已建管网无法充分发挥效益。生态景观方面，河道大多位于城市生活区，局部河段被建筑物挤占，导致滨水活动空间缺乏。

1.4.6.4 监督管理因素

强监管是社会生产发展到一定阶段、社会管理水平达到一定层次后的必然选择，是包括水利在内的各行业谋求健康可持续发展的必然要求。强化行业监管，符合新时代治水矛盾转变的要求，能够有效提高行业存在感和社会认可度。真正从"重建设、轻管理，重使用、轻维护，重眼前、轻长远"的固有困局中解放出来，把监管重视起来。

我国水利事业是在国家观念指导下、自上而下地发展起来的，在我国县（区）级以上各级政府都设有水行政管理机构，构成了我国水利事业的管理体系。在系统内部：横向上，决策权力通过各级水行政管理部门集中于本级政府，受本级政府统一领导；纵向上，下级水行政管理部门接受上级水行政管理部门的业务指导。"条块分割"的行政权力逐级收敛于各级政府，行政权力的条块分割又在不同程度上造成事权分离。因此，我国水利管理体制最主要的特征在于权力高度集中、条块分割和事权分离。

我国水利建设长期存在"重建轻管"的问题，监管严重缺位。环保、城管、水务、街道等多部门联动的执法协调机制不健全，使得破坏水源的违法活动难以得到有效遏制；相关法规缺少相应管理办法或责任追究制度，考核机制不完善，城市管理尚未完善，污水、泥浆及餐馆、洗车场、垃圾屋废水偷排现象普遍，对市政雨污水系统、污水处理厂、河道造成极大冲击。排污、排水、水土保持等管控措施不力。房地产开发超前，甚至在未得到相关批准或政府配套治污设施尚未完成前就已完工，导致旧城区尚未改观，新楼盘又出现污染问题。水务设施监管起步晚。河流日常管养全覆盖还欠缺与城市管理的衔接，仍存在垃圾入河情况。涉河违建打击力度不足。管理人员、资金及技术力量缺乏，水务设施日常维护管理经费普遍存在投入不足的现象；信息化、精细化管理水平低，水务设施预警体系有待加强。

1.4.7 已采取的措施

随着我国城市建设速度的加快及工农业的快速发展，河道受人为破坏主要表现为，垃圾倾倒、污水排放、水质恶化、水生物减少、河道淤堵严重、河道内采砂、河道堤岸失稳、河道干涸等，对人们正常的生产、生活造成诸多影响。人们对河道治理的工艺技术与理念也随着社会发展不断地深入，对河道的治理方法也经历了从单一到组合工艺的变化。通过调查研究，对已采取的措施进行梳理，分析治理措施的效果及成功或失败的原因。

1.4.7.1 分流管网基本情况

为分析污水处理厂的管网建设情况，对已建管网进行梳理，形成表 1.43。

表 1.43　已建管网情况梳理表

污水厂名称	功效分类	管网分类	管长 /km	收集水量 /（万 m³/d）	备注
沙井污水厂	发挥作用	一期配套干管			
		二期配套干管			
		一期支管			
		小计			
	未发挥作用	一期配套干管			
		二期配套干管			
		一期支管			
		小计			
合计					

对拟建或在建管网情况进行梳理，形成表 1.44。

表 1.44　拟建或在建管网情况梳理表

序号	街道名称	名称	阶段	项目建设内容
1		（工程名称）		（主要建设内容）
2				
…				
合计				

必要情况下应掌握污水干支管网的总布置图，附于调查报告中。

1.4.7.2 污水厂基本情况

对集中式污水处理厂情况进行梳理，形成表 1.45。

表 1.45　集中式污水处理厂情况梳理表

名称	实施进度	处理工艺	处理规模 / (万 t/d)	行政区	设计出水标准
××污水处理厂		生物脱氮除磷工艺 (A^2–O)	15		一级 B
××污水处理厂	施工图设计	精密过滤	15		一级 A
…					

1.4.7.3 初（小）雨截排系统建设情况

对已建初（小）雨截排系统基本情况进行梳理，明确如下信息：
（1）截流箱涵位置、数量、起止点、最大控制规模、箱涵长等。
（2）初（小）雨调节池或提升泵站位置、数量、规模等。
（3）补水管位置、数量、起止点、设计规模、箱涵长等。
（4）初（小）雨处理终端的类型、数量、位置、规模等。
以某排涝河截污工程的初（小）雨收集系统为例，其基本情况梳理如下：
某排涝河截污工程以改善水质为任务和目标，在支流入干流河口处及干流两侧设置截流箱涵，在末端设置初雨调蓄池，污水提升泵站，并通过补水，形成一定的景观水系。主要包括截流箱涵工程、提升泵站工程、初雨调蓄池工程、补水工程等。
具体工程内容为：箱涵按初（小）雨 7mm/1.5h 作为最大控制规模，两侧箱涵总长 8.20km；河口左岸新建 5 万 m^3 的初雨调节池（含提升泵站）；利用沙井污水处理厂二期再生水补水，新建补水管总长 6.40km。
初（小）雨处理终端：排涝河截流单场初（小）雨水量为 8.22 万 m^3，截流后利用污水厂日变化系数的富余量来处理，未设置单独的初（小）雨处理终端。
初（小）雨收集及系统评估：某排涝河截污工程考虑了初（小）雨收集系统，这在一定程度上可以减少片区面源污染的入河，对河道的水质改善和生态恢复具有较大作用。但是，目前初（小）雨收集系统融入了大量的污水截流系统，导致两个系统无法独立、分隔运行，且处理终端尚不能匹配。虽然考虑了末端处理，但还是以终端污水处理厂为主来解决，这将对污水处理厂造成较大的水质水量冲击负荷。因此，初（小）雨收集系统应结合流域范围内雨污分流管网系统的改造，逐步将污水从初（小）雨截排系统里分离；作为初（小）雨面源污染的收集系统，应增设相应末端独立的初（小）雨处理设施或接入污水处理厂处理。

1.4.7.4　应急处理设施建设情况

对已建应急处理设施进行梳理，明确如下信息：

（1）针对河流漏排的污水情况，明确污水应急设置点的位置、数量、应急处理工艺、设计处理规模及实施阶段。现状应急处理设施汇总见表 1.46。

表 1.46　现状应急处理设施表

项目	序号	污水应急设置点	设计处理规模 /（万 m³/d）	备注
XXX 项目	1			拟建项目 / 前期 / 初步设计报告编制 / 招标 / 施工 / 已建成
	2			
	…			
	合计			
YYY 项目	1			拟建项目 / 前期 / 初步设计报告编制 / 招标 / 施工 / 已建成
	2			
	…			
	合计			
ZZZ 项目	1			拟建项目 / 前期 / 初步设计报告编制 / 招标 / 施工 / 已建成
	2			
	…			
	合计			

（2）查明进水水质情况，汇总见表 1.47。

表 1.47　进水水质表

指标	SS	TP	COD_{Cr}	BOD_5
含量 /（mg/L）				

（3）处理技术对主要污染物的净化效果，汇总见表 1.48。

表 1.48　处理技术对主要污染物的净化效果　　　　单位：mg/L

序号	项目	设计进水指标	设计出水指标	《城镇污水处理厂污染物排放标准》（GB 18918—2002）三级标准
1	化学需氧量（COD_{Cr}）	$COD_{Cr} > 350$	去除率大于 60%	120
		$120 \leq COD_{Cr} \leq 350$	浓度小于 120mg/L，且去除率大于 60%	
		$COD_{Cr} < 120$	去除率大于 50%	
2	生化需氧量（BOD_5）	$BOD_5 > 160$	去除率大于 50%	60
		$60 \leq BOD_5 \leq 160$	浓度小于 60mg/L，且去除率大于 50%	
		$BOD_5 \leq 60$	去除率大于 40%	
3	悬浮物（SS）		浓度小于 50mg/L，且去除率大于 90%	50
4	总磷（以 P 计）		浓度小于 1.0mg/L，且去除率大于 80%	5

（4）对应急处理设施进行评估分析。污水应急处理设施是在现有污水大量入河，截污不能实施到位的情况下，消除黑臭水体的一种措施。该措施属于权宜之计，应结合流域范围内雨污分流管网系统的改造，逐步分离雨水、污水，将污水纳入污水处理厂，应急处理设施可作为分流未彻底情况下的漏排污水处理措施。对于初（小）雨收集系统截流下来的混流水［初（小）雨水和污水］，应根据污水处理厂的处理能力分别对待。

1.4.8　评估汇总

针对具体的河道治理，在开展了大量的调查、走访、勘察、分析的基础上，结合现场实际情况作出初步评估，并结合已建现有设施，为提出整体解决方案提供依据。例如水污染治理措施评估见表 1.49。

表 1.49　流域内现状水污染治理措施评估表

已采取措施	现状及规划	措施评估	保留建议
XX 改造工程			应优化 / 保留
YY 改造工程			应优化 / 保留
...			

以某排涝河道为例，对流域内现状水污染治理措施评估结果见表 1.50。

表 1.50 水污染治理评估表

已采取措施	现状及规划	措施评估	保留建议
收集管网建设	流域内两个污水厂服务范围内干管已经完成建设，但受制于污水厂处理能力不足，部分干管未能有效衔接，同时，大部分支管未完成建设。根据规划，流域内全部实施雨污分流	①根据现场实际情况，短期内全部实施雨污分流工作难度较大；②建议根据区域功能、建筑形态等因地制宜，适当保留合流制	应优化
污水厂扩建和提标改造	流域内现有两处污水处理厂，现状规模均为 15 万 m^3/d。根据规划，这两个水厂均需要扩建，沙井扩建 35 万 m^3/d，燕川扩建 15 万 m^3/d，出水标准执行一级 A	①根据污水量预测和评估，规划扩建规模满足要求；②需要注意消除一期工程的环境影响；③现有河道内天然径流量不足，需要提高出水标准至地表Ⅳ类，作为河道补充水	保留
初（小）雨截排系统	干流截污系统已基本完成建设，该系统属于初（小）雨收集系统，将合流污水和初（小）雨一并截入，导致旱季河道干涸，雨季污染物外溢，且未设置末端初雨处理系统	①该措施能收集面源污染；②应结合流域范围内雨污分流管网系统的改造，逐步将污水从截污箱涵里分离；③干流截污系统作为初（小）雨面源污染的收集系统，其处理终端应结合污水处理厂能力分别对待	应优化
应急处理	流域内规划建设了几处分散的处理设施，主要是在支流入干流处设置闸堰，将支流内混流的雨污水提升后进行旁流处理，超出处理能力的雨污水溢流进入干流河道，主要设置在集中的污染源处，以及干流没有设置截污系统的支流处	①该措施属于权宜之计；②应结合流域范围内雨污分流管网系统的改造，逐步分离雨水、污水，将污水纳入污水处理厂；③分散处理设施可作为分流未彻底情况下的漏排污水处理措施	保留

治理工程措施清单见表 1.51 和表 1.52。

表 1.51 流域水环境治理工程项目清单

序号	所在街道	位置	名称	目前阶段	项目建设内容	总投资估算 / 亿元	出处	备注
一、	列为市投市建的水环境整治工程项目（×个）							

序号	所在街道	位置	名称	目前阶段	项目建设内容	总投资估算 / 亿元	出处	备注
二、	列为市投区建的水环境整治工程项目（×个）							
（一）	已开工项目（×个）							
（二）	已进行施工图设计项目（×个）							
（三）	已进行初步设计项目（×个）							
（四）	已进行可行性研究报告编制项目（×个）							
（五）	未立项项目（×个）							
	小计							
	总计							含市建

表 1.52 流域河道综合治理工程项目清单

序号	所在街道	河流名	项目名称	设计阶段	项目建设内容	总投资估算 / 亿元	投资出处	报告出处	编制单位	备注
一	已开工（×个）									

续表

序号	所在街道	河流名	项目名称	设计阶段	项目建设内容	总投资估算/亿元	投资出处	报告出处	编制单位	备注
二	已进行施工图设计的项目（×个）									
三	已进行初步设计的项目（×个）									
四	已进行可行性研究报告编制的项目（×个）									
五	未立项项目（×个）									
六	其他项目（×个）									
	总计									

以某排涝河道为例，对流域内水环境治理工程项目、流域河道综合治理工程项目的清单制作见表 1.53 和表 1.54。

表 1.53 流域水环境治理工程项目清单

序号	所在街道	位置	名称	目前阶段	项目建设内容	总投资估算／亿元	出处	备注
一、			列为市投市建的水环境整治工程项目（×个）					不再纳入本次立项范围
1	沙井	茅洲河	沙井污水处理厂一期提标工程	未启动	原设计提标至Ⅳ级A，需提高至Ⅳ类水标准，工程规模为15万 t/d			
2	沙井	茅洲河	沙井污水处理厂二期扩建工程及配套污水污泥处理设施	可行性研究报告编制	扩建规模为35万 t/d			可行性研究报告审核投资
⋮								
二、			列为市投区建的水环境整治工程项目（×个）					纳入本次立项范围
（一）			已开工项目（×个）					
1	松岗	松岗街道	燕川污水处理厂松岗片区污水管网接驳完善工程	已完成施工招标，正在办理报建手续	接驳完善工程，总长1.24km		治水提质三年（2015—2017年）行动计划	已批概算
2	沙井	排涝河、衙边涌	沙井街道西部片区污水管网完善工程	已完成施工招标，正在办理报建手续	片区雨污分流工程80km		治水提质三年（2015—2017年）行动计划	已批概算
⋮								
（二）			已进行施工图设计项目（×个）					
1	松岗	罗田水、龟岭东、白沙坑	松岗街道罗田水流域片区雨污分流管网工程	正在开展预算编制	片区雨污分流工程171km		治水提质三年（2015—2017年）行动计划	已批概算
⋮								
（三）			已进行初设项目（×个）					

53

续表

序号	所在街道	位置	名称	目前阶段	项目建设内容	总投资估算/亿元	出处	备注
1	沙井、松岗	沙井松岗街道	沙井污水处理厂服务片区污水管网接驳完善工程	正在开展初设和概算编制	接驳完善工程，总长2.67km		治水提质三年（2015—2017年）行动计划	已立项委托，尚未开展施工图设计
2	沙井、松岗	茅洲河	深圳市（宝安区）河道污水质提升项目（茅洲河）	已完成初步设计，待报市水务局技术审查	茅洲河中上游载污箱涵约19.55万 m^3/d 污水应急处理		初步设计文本	已立项委托，尚未开展施工图设计
…								
（四）	已进行可行性研究报告编制项目（×个）							
1	松岗	沙浦西、松岗河、沙井河	松岗街道沙浦片区雨污分流管网工程（77km）	正在开展可行性研究报告编制	片区雨污分流工程，77km		治水提质三年（2015—2017年）行动计划	已立项委托，尚未开展施工图设计
2	沙井	沙井河、排涝河	沙井街道布涌片区雨污分流管网工程	正在开展可行性研究报告编制，计划10月底完成初稿	片区雨污分流工程，38km			已立项委托，尚未开展施工图设计
…								
（五）	未立项项目（×个）							
1	松岗	松岗街道	松岗街道燕川村片区雨污分流管网工程	未启动	片区雨污分流工程，35km			尚未立项
2	沙井	石岩渠、衙边涌、排涝河	沙井街道老城片区雨污分流管网工程（42km）	未启动	片区雨污分流工程，42km			尚未立项
…								
小计								
总计								含市建

表 1.54　流域综合治理工程项目清单

序号	街道名称	河流名	项目名称	设计阶段	项目建设内容	总投资估算/亿元	投资出处	报告出处	报告编制	备注
一	已开工项目（×个）									
1	松岗	一	塘下涌片区排涝工程	已开工，预计年底完成50%工程量	排涝工程流量为37.8 m³/s	××	《××发改委关于YY项目总概算的批复》	《××项目初步设计报告》	××设计院/编制时间	已开工
⋮										
二	已进行施工图设计项目（×个）									
1	沙井	共和涌	共和涌综合整治工程	概算已批复，正在开展施工图设计	河道治理长度为994m，新建污水管尺寸为DN400，总长度为1.934km	××	《××发改委关于YY项目总概算的批复》	《××项目初步设计报告》	××设计院/编制时间	已立项，且正在开展施工图设计
⋮										
三	已进行初步设计的项目（×个）									
1	松岗	龟岭东水	龟岭东水综合整治工程	可行性研究报告已批复，正在开展初步设计	河道整治长度为3.055km，防洪排涝的需要新建沟渠1.57km，合计总长度为4.6km	××	《××发改委关于YY项目可行性研报告的批复》	《××项目可行性研究报告》	××设计院/编制时间	已立项委托，尚未开展施工图设计
⋮										
四	已进行可研编制项目（×个）									
1	沙井	衙边涌	沙井街道衙边涌综合整治工程	正在开展可行性研究报告编制	河道整治长度为3.05km，局部河道拆除重建，清淤估算量为1.75万m³，河床下设置0.8m×0.8m的截污箱涵	××		《××项目可行性研究报告》	已立项委托尚未开展施工图设计	

续表

序号	街道名称	河流名	项目名称	设计阶段	项目建设内容	总投资估算/亿元	投资出处	报告出处	报告编制	备注
2	松岗	沙浦西排洪渠	松岗沙浦西排洪渠综合整治工程	已完成可行性研究报告编制，正在按照深圳市水务局意见见修编		××	《××项目可行性研究报告》	××设计院/编制时间	已立项委托，尚未开展施工图设计	
⋮										
五	未立项项目（×个）									
1	沙井	沙井河	沙井河截污工程	未启动	总治理长度为 4.37km	××	《××项目建议书》或《××规划报告》		尚未立项	
⋮										
六	其他（×个）									
1	沙井	—	清淤及底泥处理工程	未启动	共×××万 m³ 底泥处理	××	《××项目建议书》或《××规划报告》		尚未立项	
⋮										
总计										

第2章 设计思路

2.1 总体目标

河流综合治理的总体目标通常是以生态防洪为基础,以生态环境治理为核心,以美化生态景观、提升滨水体验、推进水资源保护、促进水经济发展、建设智慧水利系统为表现形式,将河道建设成为水环境治理、水生态修复的标杆区、人水和谐共生的生态型现代滨水城区。

针对具体河流,充分结合河流地理位置、流域概况、下垫面概况、经济社会概况、城市总体规划等,从河流综合治理目标中选取若干目标,作为具体某条河道的建设目标,调研、分析论证、工程措施的制定均应围绕该建设目标进行。

2.2 总体思路

从我国以往的河流治理的经验上看,鉴于当时技术经验、经济条件、理论发展等因素的制约,在治河上通常采用的是"哪坏医哪"的局部治理行为,表面见效快,但因其罔顾问题形成的原因,没有找到病根,无法对症下药,往往短时间内又会形成反弹甚至出现预料之外的其他问题,从而造成人力、物力、财力的重复和浪费。近年来,我国河道治理思路转变到系统工程的思路上来,将河道、流域、经济社会等均作为一个有机整体来考虑,从根本上分析河道的病因,对河道进行综合治理。借鉴国内外河道综合治理的成功经验,总体思路可以概括为:以行洪安全、生态健康为基础,实现水系截污和连通,使水系景观环境与人文环境的协调共生,发展水经济水文化,建设智慧水利,"建""管"并重,建设健康、幸福、数字的河道。

针对某条具体河道,从总体目标出发,借鉴先进思想和理念,研究在人类活动干扰状况下具体河道的综合治理思路。

2.3 防洪潮及排涝工程

2.3.1 防洪防潮标准

2.3.1.1 城市防洪标准

根据《防洪标准》(GB 50201—2014),城市防洪区应根据政治、经济地位的重要性、常住人口或当量经济规模指标分为四个等级。其防护等级和防洪标准应按表 2.1 确定。

表 2.1　城市防护区的防护等级和防洪标准

防护等级	重要性	常住人口 / 万人	当量经济规模 / 万人	防洪防潮标准［重现期］/ 年
Ⅰ	特别重要	≥ 150	≥ 300	≥ 200
Ⅱ	重要	< 150，≥ 50	< 300，≥ 100	200 ～ 100
Ⅲ	比较重要	< 50，≥ 20	< 100，≥ 40	100 ～ 50
Ⅳ	一般	< 20	< 40	50 ～ 20

注　当量经济规模为城市防护区人均 GDP 指数与人口的乘积；人均 GDP 指数为城市防护区人均 GDP 与同期全国人均 GDP 的比值。

实际工作中，应查实城市常住人口、当量经济规模，从重要性、人口、经济规模分析，确定城市等级及其防洪潮标准。同时依据城市发展规划纲要或城市总体规划的总体定位及区域内河流、湖泊、海岸线的分布情况，确定城市防洪防潮能力标准。例如，2015 年深圳市常住人口已达到 1137.89 万人，当量经济规模达到 3366 万人，从重要性、人口、经济规模分析，深圳市城市等级为Ⅰ等，其防洪防潮标准应不低于 200 年。同时依据《珠江三角洲地区改革发展规划纲要》及《深圳市城市总体规划》对深圳市的总体定位及区域内河流、湖泊、海岸线的分布情况，确定深圳市市区防洪防潮能力应达到 200 年一遇。

2.3.1.2　河流防洪设计标准

在确定河道防洪设计标准时，应分析具体河流洪水威胁地区的地形条件，以及堤防、道路或其他的分隔作用，分别进行防护，具体河流防洪保护区的防洪标准应分别确定。参考城市防洪防潮规划以及目前已开展河流治理的相关技术资料，并根据具体河流保护区内的人口、经济发展状况以及重要设施等实际情况确定各河流的防洪防潮标准，设计标准可参考表 2.2 确定。

表 2.2　主要河流保护区内人口、重要设施及设计标准

序号	河流名称	流域面积 /km²	人口 / 万人			重要设施（公共设施、重要企事业单位、居民区等）	设计洪水标准［重现期］/ 年		
			2015 年	2020 年	2025 年		规划	某设计报告	本次
1									
2									
3									
…									

2.3.2 排涝标准

2.3.2.1 雨水径流控制标准

依据当地防洪排涝规划中制定的雨水径流标准，开展雨水径流控制的地区，不应降低雨水管（渠）、泵站的设计标准。例如，深圳市雨水径流控制执行标准见表2.3。

表2.3 雨水径流控制标准 单位：年

区域名称	商业区	住宅区	学校	工业区	市政道路	广场、停车场	公园
新建区	≤0.45	≤0.4	≤0.4	≤0.45	≤0.6	≤0.3	≤0.2
城市更新区	≤0.5	≤0.45	≤0.45	≤0.5	≤0.7	≤0.4	≤0.25

应注意的是，该目标为建设项目综合径流系数规划控制指标，非市政排水系统设计标准。市政排水系统设计时，径流系数设计取值可参考《室外排水设计规范》（GB 50014—2021）等标准取值。

2.3.2.2 雨水管渠、泵站及附属设施设计标准

新建雨水管渠、泵站及附属设施采用的设计标准见表2.4，并符合下列规定：

（1）既有管渠应结合地区改建、涝区治理、道路建设等更新排水系统。

（2）同一级排水分区可采用不同的设计重现期，但下游雨水干管渠设计标准不宜小于上游雨水干管渠。

（3）考虑在淹水深度较大、排水困难或雨水管网在短期内很难建设到位的区域，采用路面作为雨水排水渠道，在靠近河道的位置增设道路排水泵站或泄水溢流口，控制道路积水深度不超过20cm。

（4）低洼易淹、排水困难等内涝风险区，经评估可适当提高排水管渠设计标准。

（5）生态保护区（山区）雨水应高水高排，应通过增加截洪沟等工程措施，拦截山区洪水，并就近排入水体，减少对城市建成区的影响。

表2.4 雨水管渠、泵站及附属设施设计标准

城区类型	中心城区	非中心城区	特别重要地区
重现期/年	5	3	≥10

此外，在确定设计标准时还应注意：①暴雨强度公式编制时，应采用年最大值法；②雨水管渠应按重力流、满管流计算；③学校、医院、民政设施、地下通道、下沉广场等排水管渠设计标准应按《室外排水设计规范》（GB 50014—2021）执行；④评估雨水管渠排水能力时，出水口衔接相应防洪设施的水位；⑤汇水面积超过1km²的山洪水汇入城市雨水管渠，应按山洪防治标准叠加城市建设区雨水管渠设计标准设计下游

雨水干渠及其附属设施。并按内涝防治标准复核，作为山洪行泄通道。

2.3.2.3 城市内涝防治标准

依据当地防洪排涝规划中制定的城市内涝重现期要求作为内涝防治标准。例如安庆市高河大河城区段内涝防治设计重现期为 50 年，即通过采取综合措施，有效应对不低于 50 年一遇的涝水。新桥河内涝防治设计重现期为 20 年，即通过采取综合措施，有效应对不低于 20 年一遇的涝水。

2.3.2.4 防洪标准衔接

防洪标准衔接依据历史洪水分析及洪潮遭遇分析结果确定。一般河道非感潮河段采用同频率衔接，例如 50 年一遇降雨遭遇 50 年一遇防洪水位。感潮河段需根据洪潮遭遇分析选取洪潮遭遇重现期标准。

2.3.3 设计原则

2.3.3.1 总体设计原则

总体设计应遵循以下原则：

（1）全面规划、系统布局。对流域范围内的河流进行全方位的规划，注重综合治理与城市规划的衔接，系统考虑防洪防潮体系的总体布局。

（2）因地制宜、确保安全。考虑河流周边的用地情况，选择适宜的治理措施，在保障河道安全的前提下，减少土地的占用。

（3）统筹考虑，横向工程相互匹配。布置防洪防潮工程的同时，注重考虑与排涝、水环境治理、景观等工程措施的衔接，做到和谐统一、安全美观。

（4）工程与非工程措施相结合。充分利用预警、调度、运行管理等非工程措施在防洪潮中的重要作用，配合工程措施，共同保障河道安全。

（5）建设与管理并重。避免出现"重建设、轻管理"的现象，既考虑防洪主体工程建成，也重视管理机构及管理措施的配套，为工程管理创造条件，确保工程长期发挥效益。

2.3.3.2 工程布局原则

工程布局应综合考虑以下原则：

（1）工程布局应符合城市防洪与城市总体规划的要求，即满足区域防洪要求的前提下，与城市用地、交通网络及排水等规划相协调。

（2）防洪防潮工程体系布局应充分利用已建工程，做好与以往工程建设项目的衔接，避免造成新的浪费或增加工程的实施难度。在防洪工程规划的基础上进行排涝工程规划布局。

（3）防洪防潮工程体系布局应符合河道的自然属性，尽量不改变原有河势或水流方向，维持河道走向不变，不缩窄河道，在现有用地的条件下，尽量拓宽河道，保证河道行洪断面，降低河道洪水位，为城市洪水顺利排放创造有利条件。

（4）防洪防潮工程应与水环境治理工程及景观工程同时规划，相互协调。

（5）统筹兼顾，以流域为单位分区分片治理的原则。

（6）利用地形，高水高排、低水低排，尽量重力流排放雨水，避免设置雨水提升泵站。

（7）低洼地区抽排布局模式以小流域为单位，分散为主、适当集中的原则。

（8）雨洪分流，避免山洪进入城市排水系统，截留的山洪水就近引入水体，尽量避免进入排水管网系统。

（9）充分利用屋顶调蓄、滞流等综合措施提高雨水管渠系统的排水能力，减小内涝风险。

（10）对于新建管渠，采用3～10年一遇防洪标准设计管道，对于不满足设计标准的现状管渠，应结合地区改建、涝区治理、道路建设等工程进行逐步改造。

（11）对于易涝风险区管网改造，优先采用减小汇水面积、截流、新增排水通道的方式。

（12）针对长历时高重现期暴雨，充分利用道路作为排水方式。

2.3.3.3 设计思路

针对不同工程实际，酌情选用合适的设计思路与路线，注意吸取国内外类似河道的成功经验与优秀理论。

（1）采用蓄、渗、净、排等多种措施相结合，构建可持续的城市防洪排涝系统。"蓄"则充分利用绿地、公园、水体，建设雨水调蓄设施。"渗"则在地下水水位低、下渗条件良好的片区，应加大雨水促渗，增加新建片区透水性下垫面的比例。"净"则结合河道蓝线绿地，有条件的雨水排放口地区修建人工湿地、净化雨水；新建区域积极推行低影响开发（LID）建设模式，分散净化雨水径流，削减面源污染。"排"则构建城市防洪排涝主干网络系统，保证洪涝水顺利排放，对于排涝标准较低的河道，开展河道综合整治，提升标准；结合城市更新改造、道路改造，提升管网标准；对于受纳水体顶托严重或者排水出路不畅的地区，应积极考虑河湖水系整治和排水出路拓展。

（2）对于易涝风险区，在复核雨水管渠及其附属设施的基础上，采取以下思路进行规划设计：

1）若雨水管渠满足相应的设计标准，则不调整雨水管渠。首先，采用竖向调整和高水高排措施；其次，采取分区调整、新增干管的方式；再次，选择泵站、调蓄设施以及开辟涝水行泄通道等措施。

2）若雨水管渠不满足相应的设计标准，则调整雨水管渠，再根据1）所述综合措施比选。

2.3.4 技术路线

防洪防潮及排涝工程技术路线可参考图2.1。

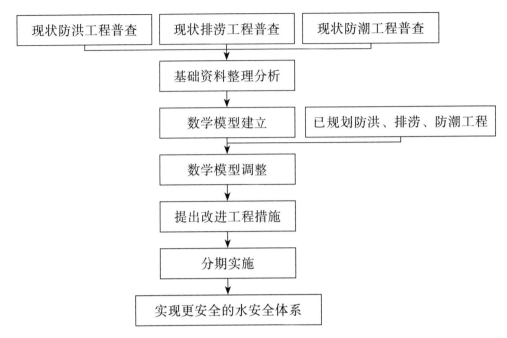

图 2.1　防洪防潮及排涝工程技术路线

2.4　水资源工程

结合当地实际情况，通过各区域水资源及其开发利用现状调查评价、经济社会发展与水资源供需关系和供需平衡分析，在水资源承载力和开发利用潜力分析的基础上构建河流生态水资源状况的总体概念。在此基础上，通过节约用水、水资源保护和水污染处理再利用等措施，根据河道生态用水需水预测和水资源功能区划，通过引水水源、水资源统一联合优化调配，分析水资源合理配置方案。

2.4.1　建设原则

水资源工程建设原则充分考虑以下几方面，并结合工程实际酌情拟定。

（1）在现有地表水源与中水基础上，充分利用初期雨水径流等非常规水资源，多种措施并举，从根本上解决河道内生态用水状况。

（2）科学规划供水水源，近期与远期结合，统筹兼顾，标本兼治，集中与分散处理相结合，建设完善合理的水源体系，保障供水安全。

（3）区别对待城市供水与河湖生态环境用水对水质、保证率的不同要求，优水优用，分质供水，分别使用不同的水源。

（4）拟定水源方案应结合地形地势特点、城市布局与发展方向、用水情况等，并充分利用现状水源工程设施，减少工程投资与运行成本。

（5）结合水系分布特点，尽量实现一源多供，减少水源工程的数量，减少重复建设。

2.4.2 技术路线图

水资源工程技术路线可参考图 2.2。

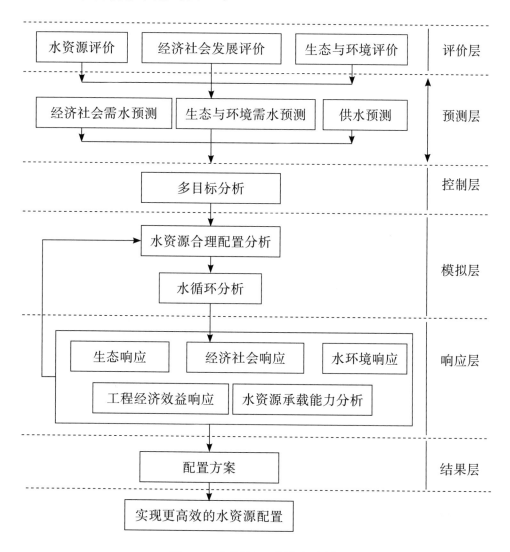

图 2.2 水资源工程技术路线

2.5 水环境及水生态工程

2.5.1 水环境功能分区和水质目标

2.5.1.1 水功能区划

根据当地地表水环境功能区划，查询涉及流域内相关河湖的功能区划，确定各水体的具体功能分区情况。

2.5.1.2 水质目标

根据当地地表水环境功能区划、河流自然功能现状分析、水质治理规划等对河流的功能定位，确定各河湖水体水质目标，见表2.5。

表2.5 河湖水质目标确定样表（旱季 TN 标准除外）

序号	水体名称	水体类型	功能定位	水质现状	水质目标			备注
					2017 年	2020 年	2025 年	
1		河流 / 湖泊	防洪 / 排涝 / 景观 / 生态 / 农业用水	黑臭 / Ⅱ类/Ⅲ类/ Ⅳ类 / Ⅴ类	Ⅱ类 / Ⅲ类 / Ⅳ类	Ⅱ类 / Ⅲ类 / Ⅳ类	Ⅱ类 / Ⅲ类 / Ⅳ类	雨水调蓄湖补水 / 满足水功能区划规定 / 进行沿河截污等
2		河流 / 湖泊	防洪 / 排涝 / 景观 / 生态 / 农业用水	黑臭 / Ⅱ类/Ⅲ类/ Ⅳ类 / Ⅴ类	Ⅱ类 / Ⅲ类 / Ⅳ类	Ⅱ类 / Ⅲ类 / Ⅳ类	Ⅱ类 / Ⅲ类 / Ⅳ类	雨水调蓄湖补水 / 满足水功能区划规定 / 进行沿河截污等
3		河流 / 湖泊	防洪 / 排涝 / 景观 / 生态 / 农业用水	黑臭 / Ⅱ类/Ⅲ类/ Ⅳ类 / Ⅴ类	Ⅱ类 / Ⅲ类 / Ⅳ类	Ⅱ类 / Ⅲ类 / Ⅳ类	Ⅱ类 / Ⅲ类 / Ⅳ类	雨水调蓄湖补水 / 满足水功能区划规定 / 进行沿河截污等
...								

注 1. 关于水质目标的量化，干流建议以省控断面为考核断面；支流建议以入上一级河流处为考核断面。
2. 关于水质目标中的年份，建议以河流综合治理现状年份、近期设计标准年、远期设计标准年为依据。

2.5.2 水生态保护与修复

水生态治理工程是在污染物特征分析、水质调查与评价、水生生物调查评价的基础上，通过截污和基底改良工程的实施，以稳态转换理论为依据，通过构建清水态水生态系统构架，运用生物操控手段，构建河道清水态、生物多样、稳定的水生态系统，保证目标水体达标水质长效运行。

2.5.3 技术路线

水环境及水生态综合治理方案的编制主要包括污染源排放调查与分析、污染物特征分析、水质调查与评价、水生生物调查评价、现有污染综合整治工作进展与效果评价等。针对上述评价内容，通过历史资料收集、现场核查与座谈，掌握河流水质、污染源、综合整治措施实施情况，对整治工作实施进展、河流水质改善效果等进行科学评估，找出当前工作存在的问题，提出今后河流整治工作需要补充采取或加强的措施与建议，并提出工程建设分期实施计划，技术路线见图 2.3。

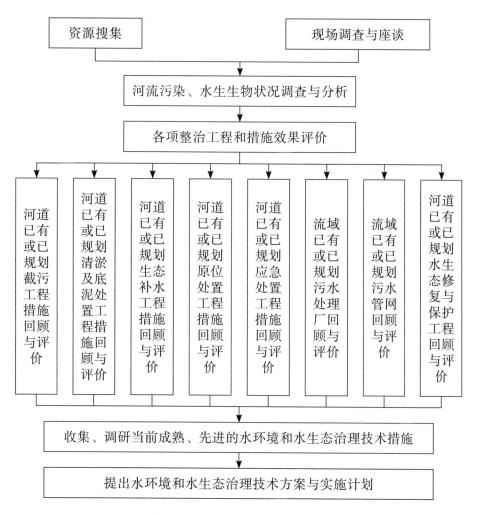

图 2.3　水环境治理技术路线

2.6 水景观工程

2.6.1 工程建设目标

（1）重新建立人与自然的联结。创造可亲近的绿化水岸空间，建立人与自然的联结。

（2）重新建立城市与水岸的联结。加强水岸与周边城市用地的联结，针对不同类型用地采用不同的联结手法，增强城市与水岸的联系。

（3）重新建立过去、现在与未来的联结。重新诠释河流周边的工业遗存与文化记忆，结合商业、居住等用地带来的现代市民活动，以景观叙事的手法建立过去、现在与未来的联结。

（4）重新建立文化的联结。借由水岸空间的创造，重新建立不同文化间的联结，为深圳提供一个兼具生活、工作、娱乐等功能的场所典范。

2.6.2 建设策略

构建生态可持续可实施的水系统，营造优美的人居自然环境，创造个性鲜明的城市意象。

2.6.3 建设原则

水景观工程的建设原则应充分考虑以下几方面，并结合工程实际酌情拟定。

（1）防洪安全第一的原则。

（2）节约水资源与水体循环原则。

（3）河湖堤岸生态化原则。

（4）水利工程与生态景观相协调的原则。

（5）人水和谐的原则。

2.6.4 技术路线

水景观工程技术路线可参考图 2.4。

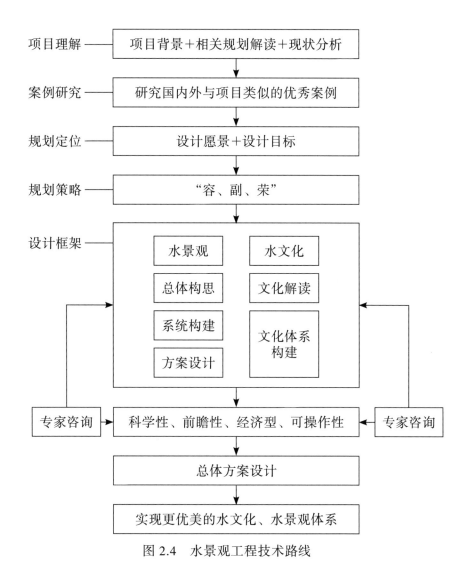

图 2.4 水景观工程技术路线

第 3 章　经验借鉴

健康的城市河道生态系统是保障城市生态安全的必要条件，也是建设生态城市的基本要求。城市河流是城市形成发展的先决条件之一，在千百年来与人类社会的发展息息相关，是社会经济以及历史文化发展的载体和缩影。受到现代化工业发展的冲击，大部分城市河道的水体及河流周边的生态系统遭到了巨大的破坏，河流出现了种种问题，水质水生态问题相继出现，传统治河思路受到当时经济、技术等原因的制约，通常进行统一化设计，导致城市河流渐渐丧失其多种多样的形态，割裂了水流与周边生态的联系，城市河流问题在治理后出现短暂的好转后又陷入新一轮的危机循环中。随着学科交叉和众多学者专项研究后，专家和管理者都意识到这一问题，并在河道综合治理方面进行了一系列有益的尝试，积累了宝贵的经验，为之后的城市河道综合治理研究与实践提供了依据。

3.1　国内外河道治理进展

国外很早就开始意识到河道的生态问题，对河流生态的研究比较重视。德国 Seifert 在 20 世纪 30 年代就提出近自然河流治理的概念，此后至 20 世纪 60 年代，德国自然河道治理理念得到了进一步的发展，提出河道整治不仅要工程化，更要自然化、植物化，还进行了一些实验和实践，积累了丰富的自然河道经验。20 世纪 70 年代以来，其他发达国家也加入生态河流的治理热潮中，涌现出了一大批生态河流的研究和工程实践。基于前期的研究，美国于 1989 年由 Mitsch 和 Jorgensen 创立了生态工程学，自然河道生态治理的理论得到进一步的发展。自此，美国、日本及欧洲各国都积极在理论、施工、技术等各方面丰富并发展了河道生态治理与修复这一概念，形成了一套比较完整的技术措施。

我国传统的治河思路以防洪、治涝、蓄水等为主，20 世纪 90 年代末开始重视水环境和水生态，并对河道生态修复和功能重建进行了系统的技术研究和实践。我国的生态河道治理过程中，对国内外的成熟技术和材料都有所吸收，也研发了一系列符合当地特色的治理技术和材料。总体来说，我国的河道综合治理技术正处于飞速发展阶段，但技术体系构建尚不完善。

3.2 国内城市河道治理中的问题

　　我国城市河道的综合治理主要经历了三个阶段。第一阶段，即20世纪50—80年代，此阶段为初级开发治理阶段，主要措施为清淤拓宽、加固堤防、建设航道、建设水库等，以提高抗灾能力和改善灌溉条件为主；第二阶段，即20世纪80—90年代末，此阶段为防洪排涝结合治理阶段，主要措施为加固堤防、建排水闸、建排水泵站等，这些措施多为工程措施，大大提高了河道的防洪排涝能力，但同时也对河流生态系统等自然环境造成了不同程度的破坏；第三阶段即20世纪90年代末至今，开始重视环境保护的综合治理阶段，在此阶段由于八九十年代大力工程治河造成生态破坏的后续影响也显现出来，水质破坏、生态失衡的后果越来越严重，并对城市也造成了不良影响，之后开始广泛吸收国内外先进的理念，逐步发展对河流生态保护和恢复的综合治理技术。总体来说，国内的城市河道综合治理理念和措施都还处在发展和探索阶段，主要是水质改善和景观建设，传统水利与栖息地修复、景观营造等有机结合方面研究得还不够。

　　目前城市河道治理中普遍存在以下问题：

　　（1）防洪排涝问题。河道缺乏堤岸、护坡，或河堤单薄，防洪能力不满足设计标准要求。河岸植被缺失，造成河岸边坡和堤坝坝面水土流失。河床内泥沙淤积，致使河床抬高，进而影响行洪断面。城市发展致使河道变窄，河网分割，废物倾倒等使河床行洪断面进一步缩小，严重影响河道的防洪排涝功能。

　　（2）堤防护岸问题。工程治河阶段修建的堤防护岸往往是规则且整齐的直立面或斜面，硬化的规则堤岸打破了河流原本的生态平衡，原有的植被也被破坏，河道两旁的自然景观生态退化，生物生存栖息场所也因此消失。

　　（3）河道生态需水问题。城市河道天然径流量受到上游过度开发的影响，径流量日渐减少，河道内的水量不能得到有效补充，水位和水量都不能满足河道生态需水的要求，局部河道甚至出现断流。

　　（4）水质污染问题。城市经济飞速发展，普遍存在工业废水和生活污水未经处理或处理不达标就排入河道的现象，导致河道水体污染严重。城市长期以来的雨污合流制，致使污水满溢排入河道造成水体污染。城市管道因老旧腐蚀，致使发生污水渗漏污染河道水质。农村生活污水散排、农田及农药污染、畜禽养殖废水排入河道污染水质。此外，河道底泥也会对水体造成污染。

　　（5）水生态问题。工程治河阶段，河道断面形态及材料以规则断面、硬化不透水材质为主，割裂了河流生态与自然环境之间的连续性，引发河道生态多样性的降低，致使河道生态系统功能降低，水体自净化能力下降。

　　（6）滨水景观问题。治理初期因治理手段的单一性，忽略了河道与河岸在生态系统、周边环境之间的有机联系，往往只着眼于河道本身，而不顾周边环境，河道形象十分单调，没有滨水绿地空间，景观效果很差，无法发挥亲水、休闲的需求。

　　（7）管理问题。传统重建轻管、人力巡查监管的模式已不能充分适应现代城市河道综合管理的要求。管理体制上还包括部门之间管理职能不清导致管理工作的盲点。由于缺乏履行职能所必需的自主管理权、经济实力、制约手段以及正式的充分沟通信息的渠道，使得河道管理效率低、疏漏多。

3.3 国内外河流治理成功案例

3.3.1 米基西河公园

在佛罗里达，米基西河的改造是美国的一项河流恢复工程，兼顾防洪、生态和美观。河流从米基西湖流出，长约 160km，考虑到军用运输和增强排洪能力的需要，20 世纪 60 年代拉直河道，砌筑工程驳岸，把河道挖深变窄改为运河。改造以后人们发现，大量湿地和河漫滩消失，水质变差，生态环境退化。经过反思和研究，20 世纪 90 年代开始逐步进行自然化改造，去掉了拦河坝，恢复了原有蜿蜒的自然河道和生态的驳岸。现在，米基西河恢复了自然优美的原貌，又重新开始吸引鸟类和鱼类。裁弯取直的渠化工程花费不少，但是后来改造渠化、重新回归自然的过程，不仅更加漫长，而且耗费更是数倍于原来的工程造价。米基西河公园改造效果见图 3.1。

米基西河公园 - 兼顾防洪生态和美观

硬质疆化的堤岸变为生态美观的堤岸

生态自然景观，多样的生境

图 3.1 米基西河公园治理

3.3.2 新加坡碧山公园

新加坡碧山公园是新加坡政府推行活跃、美丽和干净的水计划（ABC 计划）的典型代表，通过将公园旁边的加冷河混凝土排水渠道改造为蜿蜒的天然河流，并第一个在热带地区利用土壤生物工程技术（植被、天然材料和土木工程技术的组合）来巩固河岸和防止土壤被侵蚀，使公园同时兼具生态的基础设施和雨洪管理的功能。与此同时，它采用的水敏城市编制方法，升级改造了国家的水体排放功能，在遇到特大暴雨时，紧邻公园的陆地，将水排到下游。全新的公园和河流的动态整合理念，将碧山公园打造成为一个全新的、独特的城市标识，公园内丰富的生物多样性，崭新、美丽的河岸景观培养了人们对河流和自然的归属感，人们开始享受和保护河流，共同感受大自然的乐趣。新加坡碧山公园治理效果见图3.2。

图 3.2 新加坡碧山公园治理

碧山公园展示了如何使城市公园作为生态基础设施，与水资源保护和利用巧妙融合在一起，起到洪水管理、增加生物多样性和提供娱乐空间等多重功用。通过人们与水的亲密接触，提高了公民对于环境保护的责任心。

3.3.3　首尔清溪川

韩国在20世纪50—60年代，由于经济增长及都市发展，清溪川曾被覆盖成为暗渠，清溪川的水质亦因废水的排放而变得恶劣。在20世纪70年代，在清溪川上面兴建高架道路。

2003年7月起进行重新修复工程，不仅将清溪高架道路拆除，还重新挖掘河道，并为河流重新美化、灌水，及种植各种植物，又征集兴建多条各种特色桥梁横跨河道。复原广通桥，将旧广通桥的桥墩混合到现代桥梁中重建。修筑河床以使清溪川水不易流失，在旱季时引汉江水灌清溪川，以使清溪川长年不断流，分清水及污水两条管道分流，以使水质保持清洁。工程总耗资9000亿韩元，在2005年9月完成。清溪川现已成为首尔市中心一个休憩地点。

清溪川复原工程是首尔建设"生态城市"的重要步骤，其景观在直观上给人以生态和谐的感受。河道为复式断面，一般设2～3个台阶，人行道贴近水面，以达到亲水的目的。中间台阶一般为河岸，最上面一个台阶即为永久车道路面。喷泉直接跃入水中，行走在堤底，如同置身水帘洞中，头上霓虹幻彩，脚下水声淙淙，清澈见底的溪水触手可及。

清溪川上的景观沿着河道形成了空间序列。河道虽然长，但处处有景，让人在欣赏的过程中忘记了途中的寂寞。上、下游高程差约15m，由多道跌水衔接起来。在较缓的下游河段，每两座桥之间设一道或二道跌水；在靠近上游较陡的河段处，两座桥之间采用多道跌水，形成既有涓涓流水、又有小小激流的自然河道景观。跌水全部都用大块石修筑，间隔布置。用作跌水的大石块表面平整，用垂直木桩将大石块加固在河道内。踏着横在河中的大石块，可跃过溪水，跳到对岸。

清溪川上14座形态各异的桥，是物质外衣下的文脉符号。广通桥是其中唯一的古桥，也是西部商务区与中部商业区的分界点。坐落在上游的现代化楼群中，广通桥不但不显得突兀，反而作为一个历史的接力点和激励点，时刻提醒着韩国人民回顾过去、面对现在、构想未来。下流的存置桥则是首尔工业化的纪念碑，设计师以残缺的景观与强烈的对比激起人们对清溪川复兴工程意义的思索。

首尔清溪川治理效果见图3.3和图3.4。

图3.3　首尔清溪川河道治理效果　　　　图3.4　首尔清溪川河道景观

3.3.4　路易斯维利滨河公园

路易斯维利滨河公园基地位于美国俄亥俄河的南岸，西起克拉克纪念大桥，东至沙洲附近，总面积约48.56hm²，为半遗弃状态的工业用地。公园80%的区域都集中在防洪堤以内。通过巧妙的设计，在保证行洪安全的情况下又能形成易于市民使用的公共开放空间。形成了许多缓坡草坪入水，扩大了洪泛区域，为季节性的活动提供了多样的场地。丰水季可以作为周末水上公园，枯水期露出的大草坪可以作为露营、风筝节、音乐节的场地，冬季又可以作为户外滑冰场，为市民提供了绝佳的公共活动空间。路易斯维利滨河公园是季节性河流景观如何营造的优秀案例，对于季节性河流，不进行生态补水，而是针对丰水期和枯水期的不同特征进行巧妙的景观编制，形成多样的、动态的、四季可观的滨水景观。

3.3.5 广州绿道

在 2010 年亚运会之前，广东省用绿道连通了各个城市与区（县）的市区和郊野型公共开放空间。连续的绿道将各种节点联系起来，成为自行车爱好者的乐园，极大地提高了可达性，形成了良好的游览体验。蓝色廊道和绿色廊道是城市重要的生态敏感区，廊道的完整性和连通性良好，不仅能形成良好的城市景观安全格局，为动植物迁移与活动提供条件，而且能为市民提供连续的生态体验。

3.3.6 北京奥林匹克公园龙形水系

北京奥林匹克公园龙形水系大规模地采用中水及循环水作为景观用水，是国内第一个全面采用中水作为水系补水水源的大型城市公园。全园规划雨洪利用率高达 95%，具有全面的雨水收集回用系统，按北京地区年降雨量 20mm 计算，全园年雨水回收量约 134 万 m^3。园区通过先进的污水净化系统，实现了全园污水零排放。

该工程主要水源为清河污水处理厂的中水，通过位于水系北部的奥林匹克森林公园水系，构建完善的再生水净化系统，实现了景观与功能的完美结合。在形态上，连接现状水系，保证龙形水系整体形态，山环水抱、山水相映；在水岸上，营造生态自然的水环境，尽量采用生态驳岸；在功能上，整合清河导流渠和仰山大沟，全园组织，统一调蓄，利用雨洪，收集雨水，利用地形高差形成动态水系；在水质上，高效、科技、生态水处理系统埋入地下，地上覆土，结合景观规划，构建稳定的湿生生态系统，形成自然湿地景观，有效地处理中水和循环水，确保湖泊水质达到Ⅲ～Ⅳ类水。

北京奥林匹克公园龙形水系本着全面、高效、综合的节约水资源的原则，采用中水作为景观用水，并在公园内部进行微循环，实现了水资源的高效利用；此外，园区合理构建雨水收集系统和雨污水净化系统，使公园成为城市生态基础设施，实现了雨水减排、径流净化、水土涵养、雨水利用等多种功能，有效地缓解区域水资源、防洪、径流污染等问题，为我国北方缺水城市的水景观营造提供重要借鉴。北京奥林匹克公园治理效果见图 3.5。

图 3.5 北京奥林匹克公园水系治理及效果

第4章 防洪潮及排涝工程

4.1 防洪潮水文分析

4.1.1 设计洪水分析

4.1.1.1 设计暴雨

通过暴雨成因分析，确定河道洪水的主要成因及洪水的特点；结合水文资料，分析暴雨量的年内、年际变化，暴雨空间分布；结合地形地貌资料，分析洪水特性。

流域内有水文站、雨量站的情况下，工程暴雨设计采用实测雨量系列通过 P-Ⅲ 型频率曲线适线和当地暴雨等值线图查算两种方法计算，并印证分析结果合理性。当单站雨量资料不能较全面地反映流域面雨量时，暴雨参数等值线图查算的成果能更好地反映流域面雨量情况。同时应将设计暴雨计算结果与近期防洪规划或其他相关设计报告中的暴雨成果进行比较，偏差应在合理范围之内，否则应符合设计暴雨计算成果。若设计暴雨计算结果与防洪潮规划或相关已批复设计报告中的暴雨成果基本一致，则认为计算成果合理，通常为了保证已批复规划和报告的设计成果的一致性，设计雨量采用已批复规划或报告的设计成果。特殊情况下，也可采用此次设计暴雨成果，但应说明原因，以解释其与已批复规划或设计报告的区别之处。

4.1.1.2 设计洪水

流域内有实测径流资料的情况下，由实测径流推求设计洪水。

流域无满足洪水分析系列要求的实测径流资料，设计洪水的计算由设计暴雨推求。根据当地水文计算手册使用说明，设计洪水推求通常采用综合单位线法或经验公式法。两种方法计算的设计洪水成果均应进行合理性分析，并将其与已批复的规划或其他相关设计报告中的设计洪水成果进行横向对比，偏差应在合理范围内，否则设计洪水成果合理性不足。若此次计算的设计洪水成果与已批复的规划或其他相关设计报告中的设计洪水成果基本一致，则判定为设计成果合理，可直接采用此次计算成果，或沿用已批复规划和设计报告中的洪水成果，并给出合理的理由。

4.1.1.3 水库调洪演算

设计洪水计算考虑集雨范围内水库的调洪削峰作用，对中型以上水库进行调洪演算；对调洪能力较差的小型水库可采用综合削峰比例系数。若集雨面积较小，且泄洪能力较好的大中型水库，其对洪水的削峰能力较小，可与小型水库一样采用综合削峰比例系数法计算。

小型水库的综合削峰比例系数由规划报告或水文经验参数得出，若无此经验数值，则小型水库也可进行调洪演算。

4.1.1.4 洪水成果采用

对于已经完成前期工作的河流，对其设计洪水成果进行合理性分析，确定采用的设计成果，对于未开展前期工作的河道，采用此次分析成果。河流设计洪水成果见表4.1。

表 4.1　河流设计洪水成果

河流名称	断面名称	汇水面积 /km^2		洪峰流量 /（m^3/s）			
		$F_总$	$F_蓄$	$P = 1\%$	$P = 2\%$	$P = 5\%$	$P = 10\%$

4.1.2　潮位

根据多年潮位资料，分析潮位特点和规律，年最高、最低潮位的特点及变化幅度，平均潮差，平均涨、落潮历时等。分析风暴潮产生的原因及历史潮灾造成的影响及损失。

通过历史风暴潮资料，总结风暴潮位的变化。

风暴潮位包括天文潮水位及台风增水两部分。台风增水即台风暴潮反映在潮位上的特征是增水现象。习惯上，增水值等于实测暴潮水位值与预报潮汐水位值之差。例如，某次在华南一带登陆的台风，最大风速极值为45m/s，最大增水为1.96m，而另一次台风，最大风速极值为60m/s，最大增水则只有0.93m。这说明台风引发的增水不仅与台风登陆位置有关，而且与台风形成条件、移动路径、中心气压及风速风向有关。

风暴潮潮位的变化主要决定于台风增水和天文潮位的组合。当台风增水的最大值与天文潮位最低值对应时，不会产生较大风暴潮位。例如某次台风最大增水1.46m，发生在当天4时，而同一天实测的最高潮位为1.01m，出现时间为0时40分。当台风增水的较大值与天文潮高潮相对应时，将会产生较大的风暴潮水位。实测最高潮位通常都是由较大的台风增水与天文潮高潮组合的结果。当台风增水的最大值与天文潮的最高潮位相遇，产生的后果将难以估计。

分析河道附近的潮位站，选取资料系列较长、相关关系较好的测站资料，进行必要的插补延长处理后，采用 P–Ⅲ 型频率曲线法，计算各频率设计潮水位。

将计算后的设计高潮位成果与已批复的规划或其他相关设计报告中的成果进行横向对比，若偏差在合理范围之内，则认为成果基本一致，可直接采用此次计算成果，也可为保持设计成果的一致性而选用已批复的规划或设计报告中的潮位成果。潮位成果见表4.2。

表 4.2　河道口设计年高潮位成果

测站名称	不同频率设计高潮位 /m					
	$P = 0.5\%$	$P = 1\%$	$P = 2\%$	$P = 5\%$	$P = 10\%$	均值

4.1.3　洪潮遭遇分析

通过多年降雨统计与多年潮水统计，由潮位站、气象站多年最大 24h 降雨与相应高潮位、年最高潮位与相应 24h 降雨的遭遇分析，统计洪水与潮水遭遇的最不利工况，并将此工况作为设计工况，认为该组合是一种安全的洪潮组合方式。

【例 4.1】洪潮遭遇分析示例。

南方某河流潮位站有超过 40 年的潮位监测记录，根据其所在区域的降雨资料，分析不同程度的降雨与潮水遭遇时的潮位统计表。

（1）年最大洪水（雨量）与潮汐遭遇。根据潮位站年最大 24h 暴雨量出现时间，统计相应潮位站高潮位，见表 4.3。

表 4.3　某潮位站历年 24h 最大雨量及相应的高潮位统计

日期	最大降雨量 /mm	相应潮位 /m	日期	最大降雨量 /mm	相应潮位 /m
1967-8-16	136.00	1.67	1980-3-5	147.70	0.83
1968-8-21	117.00	1.72	1981-8-27	116.00	1.29
1969-6-2	102.00	1.72	1982-5-28	217.10	1.59
1970-8-3	192.00	1.52	1983-6-17	135.90	1.23
1971-5-19	103.00	0.80	1984-9-1	220.20	1.33
1972-5-6	127.00	1.10	1985-9-5	131.50	1.36
1973-5-6	197.60	1.84	1986-5-11	170.50	1.43
1974-10-19	174.70	1.22	1987-4-5	174.10	1.24
1975-10-14	127.50	1.30	1988-7-19	207.80	1.38
1976-8-24	207.90	1.86	1989-5-20	259.00	1.87
1977-9-5	131.50	1.19	1990-9-10	84.40	1.31
1978-7-29	122.60	1.14	1991-7-30	126.70	1.36
1979-9-23	104.80	1.38	1992-6-13	229.10	1.41

日期	最大降雨量 /mm	相应潮位 /m	日期	最大降雨量 /mm	相应潮位 /m
1993-11-4	312.00	1.81	2003-5-6	177.00	1.40
1994-7-21	358.80	1.75	2004-5-8	76.00	1.56
1995-7-26	242.90	1.38	2005-8-19	133.00	1.56
1996-8-15	104.30	1.50	2006-9-19	137.00	1.50
1997-7-2	214.40	1.48	2007-4-14	85.50	1.38
1998-5-24	165.60	1.51	2008-6-13	268.00	1.13
1999-8-23	158.80	1.50	2009-7-18	112.00	1.29
2000-4-13	503.10	1.12	2010-5-6	103.00	1.38
2001-6-5	179.70	1.53	2011-6-17	87.00	1.29
2002-9-14	122.90	1.38	2012-6-20	172.50	1.16

注　多年平均最大日雨量为 170.90mm；潮位站相应的多年平均潮位为 1.42m；潮位站最高潮位多年平均值为 2.12m。

通过上述潮位站 46 年资料分析表明，与年最大 24h 雨量相应的潮位站的最高潮位一般都小于多年平均高潮位 2.12m。因此，若用多年平均最高潮位与设计洪水相遭遇，已基本上能外包历年所出现过的年最大洪水与潮汐的遭遇情况，是一种安全的设计洪潮组合方式。

（2）最高潮位与 24h 雨量遭遇分析。假定洪水与暴雨相应，以潮位站年最高潮位相应的雨量站 24h 降水量进行分析，潮位站历年最高潮位与相应 24h 雨量进行统计，见表 4.4。

表 4.4　潮位站历年最高潮位及相应 24 h 雨量统计

日期	最高潮位 /m	相应日降水量 /mm			
		雨量站 1	雨量站 2	雨量站 3	雨量站 4
1965-7-15	2.17	21.30	24.10	17.60	17.80
1966-9-15	2.02	0	0	0	0
1967-10-19	2.10	0	0	0	0
1968-11-22	1.96	0	0	0	0
1969-7-29	2.39	14.00	90.00	42.00	14.20
1970-2-6	1.97	0	0	0	0
1970-11-30	1.97	0	0	0	0

续表

日期	最高潮位 /m	相应日降水量 /mm			
		雨量站 1	雨量站 2	雨量站 3	雨量站 4
1971-10-8	2.27	0	0	0	0
1972-11-8	2.13	37.00	47.50	50.00	43.80
1973-7-2	2.05	0	6.60	1.20	0
1974-10-13	2.37	0.40	0	0	0
1975-11-4	1.92	0.30	0	0	0
1976-11-23	1.94	0	0	0	0
1977-9-22	1.93	0	0	0	0
1978-10-14	1.94	0	0	0	0
1979-8-9	1.97	43.70	28.00	3.30	2.90
1980-5-17	1.88	0	0	0	0
1981-7-3	2.04	5.80	9.60	41.30	0
1982-6-25	1.87	0	0.10	0.40	0
1982-7-21	1.87	0	1.90	0.60	0
1983-9-9	2.36	73.10	19.70	6.70	8.40
1984-10-28	2.00	0	0	0	0
1985-6-4	1.91	4.70	16.40	24.20	11.00
1986-8-20	2.08	13.30	13.90	5.50	3.70
1987-6-14	2.08	0	3.00	2.30	0
1988-10-26	2.17	0.80	0	0	0
1989-7-18	2.66	42.50	27.30	33.40	12.70
1990-7-22	2.00	3.00	8.10	0	0
1991-7-24	2.29	6.20	8.70	4.30	11.40
1992-10-27	2.06	1.30	0.20	0	0
1993-9-17	2.82	46.90	30.40	20.60	28.30
1994-6-25	2.06	17.50	10.10	4.60	6.90
1995-6-15	2.05	2.20	8.70	0.70	0
1996-9-9	2.29	1.20	0	4.60	0
1997-7-21	2.00	0	0	0	0

续表

日期	最高潮位 /m	相应日降水量 /mm			
		雨量站 1	雨量站 2	雨量站 3	雨量站 4
1998-10-25	2.04	10.10	4.60	4.30	10.20
1999-7-14	1.97	0	0	4.30	0
2000-1-21	2.05	0	0	0	0
2001-7-6	2.56	123.10	145.60	104.00	95.10
2002-5-28	1.94	0	0	0	0
2003-7-24	2.11	2.90	8.60	1.70	10.00
2004-6-5	2.08	0	0	0	0
2005-7-23	2.15	0	0	5.30	0
2006-2-27	2.19	23.90	31.00	0	35.00
2007-5-20	2.10	26.80	29.00	27.50	56.00
2007-6-16	2.10	0	1.00	2.00	0
2008-9-24	2.41	93.00	57.50	12.50	15.00
2009-9-15	2.18	34.00	34.50	34.50	23.00
2010-10-27	2.02	0	0	0	0
2011-10-3	2.24	1.20	1.50	1.00	2.00
2012-7-24	2.20	49.50	44.50	48.00	77.00
均值	2.12	13.70	14.00	10.00	9.50

从表4.4可知,潮位站历年最高潮位,相应雨量站1最大24h降水量为123.10mm,小于该站年最大24h降水量多年平均值172.70mm;最高潮位遭遇雨量站3和雨量站4最大24h降水量分别为104.00mm和95.10mm,均小于各站年最大24h均值(雨量站3年最大24h降水量多年平均值为170.30mm,雨量站4年最大24h降水量多年平均值罗田站为157.60mm)。因此,若用多年平均年最大24h暴雨所产生的洪水与设计年最高潮水位遭遇,已基本上能外包历年所出现过的年最高潮位与洪水的遭遇情况,是一种安全的设计潮洪组合方式。

综上所述,基于【例4.1】某潮位站及其相应气象站多年观测资料进行上述遭遇分析可见:

(1)用多年平均最高潮位与设计洪水相遭遇,已基本上能外包历年所出现过的最大洪水与潮汐的遭遇情况。

(2)用多年平均最大24h暴雨所产生的洪水与设计最高潮位遭遇,已基本上能外包历年所出现过的最高潮位与洪水的遭遇情况。

在这种条件下，即可确定将设计标准下的洪水（潮位）与多年平均潮位（洪水）组合的外包线作为河道治理的设计水面线，是比较合理的和安全的。

4.1.4　设计水面线

根据防洪设计标准、洪水分析及洪涝遭遇分析，沿程比降、流量、建筑物及支流汇入情况等分段推算设计水面线。

1. 水面线推算的基本公式

水面线计算按明渠恒定非均匀渐变流能量方程，在相邻断面之间建立方程，采用逐段试算法从下游往上游进行推算。

2. 河道糙率

河道的粗糙系数受到河床组成床面特性、平面形态及水流流态、植物、岸壁特性等影响，情况复杂，不易估计。经过整治的河床粗糙系数可以采用《水工设计手册（第 2版）第 1 卷专业基础》推荐结果，河道综合糙率采用 0.02 ～ 0.03。

河道上桥涵等阻水建筑物，影响河道的过流能力或壅高水位，根据实际情况考虑其局部水头损失系数。缺乏资料时可按《水工设计手册（第 2 版）第 1 卷专业基础》中的建议值取用。水面线计算成果见表 4.5。

表 4.5　水面线计算成果

桩号	断面名称	河底高程 /m	设计水位 /m				
			$P = 0.5\%$	$P = 1\%$	$P = 2\%$	$P = 5\%$	$P = 10\%$

注　表中断面名称注明标志性断面，例如入海口、××河口、××路桥等；水面线计算分段长度满足本设计阶段的断面间隔要求。

4.2　排涝计算

根据项目区多年降雨实测资料或多年降雨资料排频得到不同频率的暴雨成果。不同设计频率暴雨见表 4.6。

表 4.6　不同设计频率暴雨

时段	参数			相应频率的暴雨 /mm			
	均值	C_v	C_s/C_v	$P = 5\%$	$P = 10\%$	$P = 14.29\%$	$P = 20\%$
3d							
1d							

以水力模型作为计算工具，通过解析汇水区面积、下垫面、汇流时间、初始损失等水文水力参数，根据排涝标准、排涝方式、排涝面积和调蓄容积等，按平均排除法或依据当地水文计算手册的经验公式，结合实测地形图和查勘，或经模型综合计算，最终确定雨水管渠的尺寸、坡度、埋深以及排水泵站的服务面积及其规模。管渠设计参数见表4.7，泵站设计参数见表4.8。

表4.7 管渠设计参数计算成果

序号	汇水面积	汇水区长	汇水区坡降	下垫面渗透参数	汇流时间	初损	管渠长度	管渠坡度	埋深
1									
2									
...									

表4.8 泵站设计参数计算成果

序号	泵站名称	所属行政区域	控制排涝面积	排涝标准	排涝模数	排涝流量	设计扬程	建设性质
1								
2								
...								

4.3 泵闸联合调洪演算

当河流在暴雨期间遇高潮位时，挡潮闸关闭，内河的汇水将无法通过水闸排出，将产生滞洪，在低潮位时开启水闸进行泄洪。

根据以滞为主、电排为辅的防洪排涝原则，首先确定滞洪区的规模，然后再将设计标准下的洪水总量与蓄水区的库容、闸排水量进行比较，若蓄洪库容不够则需通过排涝泵站抽排。调洪计算过程填入表4.9。

以某地容桂泵站为例，分析20年一遇内涝洪峰遭遇50年一遇潮水位的调洪。

泵站所属排涝区（9.71km²）内地类有旱地（1.92 km²）、鱼塘（0.97 km²）、河流（0.37 km²）、山岗坡地（0.97 km²）、道路（0.55 km²）、城区（3.09 km²）和绿地（1.84 km²）组成。泵站设计流量为31.95m³/s。

根据水文资料，洪潮水面线成果见表4.10。

依据水文站实测潮水位资料系列，采用极值差比法，计算确定外河排水泵站断面50年一遇设计潮水位过程，见表4.11。

表 4.9　内涝洪峰遭遇外河潮水位调洪计算成果

时间 时间/h	潮水位/m	洪水历时/h	洪水流量/(m³/s)	时段洪量/(m³/h)	洪水总量/m³	水闸下泄流量/(m³/s)	水闸排水量/m³	水泵流量/(m³/s)	水泵排水量/m³	时段余水量/m³	余水总量/m³	内河水位/m	备注

表 4.10　洪潮水面线成果

河道名称	断面名称	不同洪潮频率对应的潮水位 /m				
		$P = 2\%$	$P = 3.33\%$	$P = 5\%$	$P = 10\%$	$P = 20\%$
容桂	小黄圃	3.73	3.63	3.54	3.35	3.03
	沙涌闸	3.62	3.52	3.43	3.26	2.95
	东升闸	3.41	3.32	3.23	3.07	2.79

表 4.11　设计潮水位过程

时间（时：分）	潮水位 /m	时间（时：分）	潮水位 /m
10:00	2.75	22:00	2.49
11:00	3.12	23:00	3.41
12:00	3.12	00:00	3.89
13:00	2.84	01:00	4.01
14:00	2.16	02:15	3.45
15:00	1.36	03:30	2.57
16:00	0.65	04:30	1.67
17:00	0.10	05:30	0.92
17:45	−0.19	06:40	0.23
18:45	−0.21	07:30	0.19
19:15	−0.09	08:10	0.19
20:00	0.58	09:00	0.34
21:00	1.54	11:00	1.39

依据测量地形图计算河流水位 – 面积 – 库容对应见表 4.12。

表 4.12　河道水位 – 面积 – 库容对应表

水位 /m	面积 /m²	库容 /m³
1.00	157640	285584
0.90	152480	269934
0.80	149717	254814
0.70	147584	239953
0.60	145456	225298

续表

水位 /m	面积 /m²	库容 /m³
0.50	143280	210863
0.40	141152	196643
0.30	139137	182628
0.20	137069	168818
0.10	134999	155214
0	132931	141818

根据以滞为主、电排为辅的防洪排涝原则，首先确定滞洪区的规模，然后再将设计标准下的洪水总量与蓄水区的库容、闸排水量进行比较，若蓄洪库容不够，则需通过排涝泵站抽排。20 年一遇内河洪峰遭遇 50 年一遇外海潮水位调洪计算成果见表 4.13。

通过计算可知，通过水闸泵站的联合调度，容桂站所属排涝区在 20 年一遇内涝洪峰和 50 年一遇外海潮位遭遇的工况下，排涝区最高水位 1.46m，小于 1.50m，是满足排涝要求的。在 24h 内共有 110.20 万 m³ 水排入河道，通过泵站排出 54.63 万 m³，开泵时间约 5h。

4.4 防洪潮工程总体布局

通常河道或流域范围内现状应有堤防、水库、蓄洪湖等部分防洪潮工程，首先，应结合当前的防洪潮规划和洪潮灾害形成的原因，梳理现有防洪潮工程的利弊；其次，在找出现有防洪潮体系的弊端之后，根据河流或流域的实际特点，制定本区域的防洪潮布局，排、蓄、分、挡各种手段择适者取之。"排"是指通过对堤防、护岸等进行新建、加固，对淤积严重的河段进行拓宽或清淤疏浚，以及对河道内阻水建筑物进行清理等综合治理措施，恢复或扩大河道泄洪能力，确保河道行洪安全。"蓄"是指通过加强蓄水水库除险加固、开辟蓄洪湖，起到削减洪峰的作用，使河道洪水不超过安全泄量。"分"是指对过流断面被严重侵占、拆迁拓挖难度较大的河段，通过修建深层隧道排水系统（简称"深隧"）等分洪方案，对洪水进行分流，以满足行洪要求。"挡"是指在堤防建设的同时，在感潮河段河口保留或新建挡潮闸，共同发挥防潮作用。

例如，针对上、下游落差很大的城市河道，上游来水短时量大，洪水骤来疾走，应对以"汛期快排、非汛期蓄水"的方针；针对上游承接山洪沟来水，下游河道被城市挤占，河道行洪断面严重不足之处的情况，应对以"高水高排、低水低排""以排为主、蓄泄兼筹、防治结合"的方针；针对来水曲线较为平缓且有滩地的平原河道，应对以"以蓄为主、汛前抢排"的方针等。

表 4.13 容桂站 20 年一遇内河洪峰遭遇 50 年一遇外海潮水位调洪计算成果

时间点 (时: 分)	换算 时间	潮水 位 /m	洪水历 时 /h	洪水 流量 / （m³/s）	时段洪量 / （m³/h）	洪水总量 / m³	水闸下 泄流量 / （m³/s）	水闸排水 量 /m³	水泵流量 /（m³/s）	水泵排 水量 /m³	时段余水 量 /m³	余水总量 /m³	内河水 位 /m	备注
10:00	10.00	2.75	0.00	0.00	0.00	0.00					0	0	0	
11:00	11.00	3.12	1.00	1.57	2818.17	2818.17					2818.17	2818.17	0.02	
12:00	12.00	3.12	2.00	3.03	8266.64	11084.81					8266.64	11084.81	0.08	
13:00	13.00	2.84	3.00	3.76	12212.09	23296.90					12212.09	23296.90	0.17	
14:00	14.00	2.16	4.00	9.19	23296.90	46593.80					23296.90	46593.80	0.34	
15:00	15.00	1.36	5.00	11.17	36636.26	83230.06					36636.26	83230.06	0.60	
16:00	16.00	0.65	6.00	11.79	41333.22	124563.28	1.34	4828.64			36504.58	119734.64	0.84	开闸
17:00	17.00	0.10	7.00	21.97	60773.52	185336.80	12.45	44805.25			15968.27	135702.91	0.95	开闸
17:45	17.75	-0.19	7.75	30.58	70946.62	256283.42	21.49	58010.15			12936.47	148639.38	1.03	开闸
18:45	18.75	-0.21	8.75	38.14	123708.77	379992.19	26.79	96451.98			27256.79	175896.17	1.20	开闸
19:15	19.25	-0.09	9.25	40.11	70425.12	450417.31	27.22	48988.86			21436.26	197332.43	1.33	开闸
20:00	20.00	0.58	10.00	41.32	109923.06	560340.37	10.01	27024	31.95	86265	-3365.94	193966.49	1.31	开闸 开泵
21:00	21.00	1.54	11.00	35.07	137494.50	697834.87			31.95	115020	22474.50	216440.99	1.45	开闸 开泵

续表

时间点(时:分)	换算时间	潮水位/m	洪水历时/h	洪水流量/(m³/s)	时段洪量/(m³/h)	洪水总量/m³	水闸下泄流量/(m³/s)	水闸排水量/m³	水泵流量/(m³/s)	水泵排水量/m³	时段余水量/m³	余水总量/m³	内河水位/m	备注
22:00	22.00	2.49	12.00	30.03	117178.69	815013.56			31.95	115020	2158.69	218599.68	1.46	开泵
23:00	23.00	3.41	13.00	10.12	72278.76	887292.32			31.95	115020	-42741.24	175858.44	1.20	开泵
00:00	0.00	3.89	14.00	8.14	32878.76	920171.08			31.95	115020	-82141.24	93717.200	0.67	开泵
01:00	1.00	4.01	15.00	9.19	31187.79	951358.87					31187.79	124904.99	0.88	开泵
02:15	2.25	3.45	16.25	5.71	33524.53	984883.40					33524.53	158429.52	1.09	
03:30	3.50	2.57	17.50	5.32	24835.16	1009718.56					24835.16	183264.68	1.25	
04:30	4.50	1.67	18.50	4.18	17096.92	1026815.48					17096.92	200361.60	1.35	
05:30	5.50	0.92	19.50	3.34	13527.23	1040342.71	4.29	15457.93			-1930.70	198430.90	1.34	开闸
06:40	6.67	0.23	20.67	2.85	13000.24	1053342.95	12.71	53398.19			-40397.95	158032.95	1.09	开闸
07:30	7.50	0.19	21.50	3.39	9364.17	1062707.12	10.55	31647.26			-22283.09	135749.86	0.95	开闸
08:10	8.17	0.19	22.17	4.10	8995.61	1071702.73	8.91	21383.25			-12387.64	123362.22	0.87	开闸
09:00	9.00	0.34	23.00	3.76	11792.49	1083495.22	5.57	16709.21			-4916.72	118445.5	0.84	开闸
11:00	11.00	1.39	25.00	1.41	18599.95	1102095.17					18599.95	137045.45	0.96	开闸

防洪潮工程总体布局主要对现有防洪工程进行完善，进一步提高其防洪潮能力，为城市经济社会可持续发展提供安全保障；充分利用或加大现有河网水系中各级河道的过洪能力，使设计洪水安全下泄。同时在深入调查现有防洪体系构成情况，结合今后城市防洪潮工程建设的需要，考虑蓄、泄、分、挡等综合布局。

4.5 河道整治及堤岸工程

根据水利普查成果资料，对堤防工程进行统计，见表 4.14。

表 4.14 现状堤岸统计表

河流名称	岸别	堤防名称	堤防形式	堤防级别	堤岸长度 /m
	左岸 / 右岸		土堤 / 土石混合堤 / 防洪墙 / 护岸		

4.5.1 防洪能力复核

1. 设计堤顶高程

根据《堤防工程设计规范》（GB 50286—2017）等相关规范及标准，设计堤顶高程为设计洪水位加堤顶超高。超高计算式为

$$Y=R+e+A \qquad (4.1)$$

式中：Y 为堤顶超高，m；R、e 分别为设计风浪爬高和风壅增水高度，m；A 为安全加高，m，按规范选取。

堤顶超高计算成果见表 4.15。

表 4.15 堤顶超高计算成果

序号	河流名称	设计风速 /（m/s）	吹程 /m	平均水深 /m	斜坡率	风壅增水高度 /m	风浪爬高 /m	安全加高 /m	堤顶超高 /m

2. 河道过洪能力复核

河道过洪能力复核成果见表 4.16。

表 4.16 河道过洪能力复核成果

桩号	累计河段长度/km	设计水位/m		设计水位/m	超高/m	设计堤顶高程/m	现状堤岸顶高程/m		欠高/m						备注
									左岸			右岸			
		P=0.5%	P=1%				左岸	右岸	欠高	欠高长度	欠高0.5m以上长度	欠高	欠高长度	欠高0.5m以上长度	
欠高堤段长度合计															

4.5.2 河道整治及堤岸建设

主要针对现状防洪能力不足的河道和堤岸进行整治,视具体情况配合河道清淤措施。设计河道平面布置以现状人工或自然的河床为基础,顺应河势,有条件的河道形态在尽量减少工程占地拆迁的基础上宜弯则弯、宜宽则宽,在尽可能保持河道原有的蜿蜒曲折的天然形态,较少改变其原河道走向的前提下,考虑总体河道走向平顺,进行适当微调。河道整治及堤岸建设规模统计见表 4.17。

表 4.17 河道整治及堤岸建设规模统计表 　　　　　　　　　单位：m

序号	河名	河长	堤岸加高	堤岸加固	护岸加高	新建护岸	护岸拆除改建	拓宽河道	河道清淤	备注

河道整治成果见表 4.18 和表 4.19。

表 4.18 河道平面布置情况 　　　　　　　　　单位：m

河段	设计河道桩号	河长	设计底宽	设计堤距	用地宽度

表 4.19 河段断面形式及参数

桩号	河道范围	设计底宽 /m	河底高程 /m	设计纵坡	左岸坡比	右岸坡比	堤顶高程 /m

4.5.2.1 河道断面形式

河道断面按几何外形一般可分为斜坡式、直立式和复合式三种基本形式。

1. **斜坡式**

斜坡式堤是最为常见的堤岸形式，最接近天然河道形式，生态性好，主要用于现状河面宽阔、滩地众多、现有堤距超过设计堤距的农村河道或河段，河面较宽且堤防较高的也可考虑采用多级斜坡，多以放缓边坡来满足堤防稳定要求，基本不需要进行地基处理，投资最省。护坡面材料：洪水位以下可采用浆砌块石护坡、预制混凝土框格＋块石填充护坡、预制水工连锁砌块护坡、生态混凝土护坡，洪水位以上及背水坡可采用三维网垫护坡、抗冲植生毯、植物护坡，斜坡面可根据需要考虑各种景观节点。斜坡式断面示意见图 4.1。

主要优点：堤身与地基接触面积大，基底应力较小，对地基适应性好；斜面能消散部分波浪能量，对潮浪冲击适应性好；护面结构及施工技术简单，维修容易。主要缺点：断面大，占地多，筑堤土料较多；波浪爬高值较大，相应堤身较高。

图 4.1 斜坡式断面示意图

2. **直立式**

主要优点：断面小，占地少；波浪爬高一般较斜坡堤小；防护墙施工可单独进行，并可保护土体免受潮浪冲蚀。主要缺点：堤身与地基接触面积小，基底应力较大，对地基要求较高；波浪对防护墙动力作用强烈，墙身维修较困难，越浪水体易使堤顶和背水坡造成冲刷破坏；反射波大，波浪在墙前反射形成的波浪底层流速大，或波浪沿墙上涌回落，易引起堤脚淘刷。直立式断面示意见图 4.2。

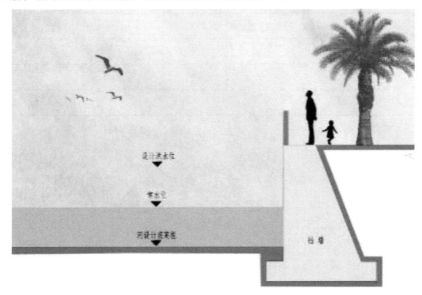

图 4.2　直立式断面示意图

3. 复合式

复合式断面的特点是外坡为变坡结构。当断面组合得当，复合式堤型兼具直立式、斜坡式堤型的特点，保留了斜坡式堤型亲水性好的优点，对地基承载力的要求比直立式堤型低，是一种兼顾美观和实用的方案。复合式断面示意见图 4.3。

低挡墙直斜复合式堤防是平原地区常用堤型，无论农村河道及城镇河道均适用，结合地质情况，多以降低挡墙高度和放缓边坡来满足堤防稳定要求，多不需要进行地基处理，投资较省。下部挡墙可采用浆砌块石、干砌块石、灌砌石及预制混凝土砌块等，挡墙兼顾节约土地及护堤作用，若挡墙形式采用当前大范围推广的预制混凝土空心砌块，亦可有效加强水、土、气交换，为水生动植物提供栖息场所，有效保护水环境。低挡墙顶高程一般较常水位略高 $60 \sim 80cm$，即可有效抵御一般性洪水，同时具有一定的亲水性，促进人水和谐。上部护坡采用预制水工连锁砌块护坡、生态混凝土护坡、纯植物护坡均可，面宽坡缓的斜坡面可充分考虑各种小的景观节点。

高挡墙直斜复合式堤主要用于可满足行洪要求且河面不太宽阔的河段，或用于有通航功能要求的河段，防止船行波上翻下淘，结合地质情况，根据挡墙高度及堤防边坡酌情考虑基础处理。下部挡墙可采用浆砌块石、干砌块石、灌砌石及预制混凝土砌块等，挡墙主要考虑节约土地，兼顾护堤作用，挡墙形式也可采用当前大范围推广的预制混凝土空心砌块，亦可有效加强水、土、气交换，为水生动植物提供栖息场所，有效保护水环境，但高挡墙亲水性较差。上部护坡采用预制水工连锁砌块护坡、生态混凝土护坡，纯植物护坡均可。

图 4.3 复合式断面示意图

4.5.2.2 河段护坡形式

河道护岸（坡）不仅要安全、生态、环保，确保岸坡稳定，同时要与岸线景观相结合，为河道增添一道亮丽的驳岸风景线。

根据各河段选定的断面形式，基于生态、景观要求，应选取与周边环境相协调的护坡形式，常见形式有草皮植被护坡、三维网垫护坡、联锁式水工砌块及绿化混凝土护坡等。

1. 草皮植被护坡

草皮植被护坡简单易行，取材方便，能起到一定的防冲刷作用，是一个投资省、见效快的工程措施，其投资仅是块石护坡的1/5。通过实践，植物护坡基本能成为一体，形成铺盖，与坡面接触较好。植物护坡能有效防止洪水冲刷，使坡面水流在土体中稳缓下流和外渗，而不带起坡体土颗粒，起到了很好的防渗作用。植物护坡绿化效果好，但仅适用于水流流速较小河段，但流速大于 2m/s 时，需采用结构强度更高的护坡形式。如三维网垫护坡、绿化混凝土护坡、水工联锁砌块护坡和浆砌石护坡等。草皮护坡效果见图 4.4。

图 4.4 草皮护坡效果图

2. 三维网垫护坡

三维网垫护坡是一种三维柔性材料，铺在坡面上，网泡中的充填物（土颗粒、肥料及草籽等），能被很好地固定，草根扎入边坡土与植被网缠绕，在边坡表面土中起加筋加固的作用，有效地防止表面土层的滑移，起到抗冲刷的作用。且使用三维土工网垫植草后，绿草成片覆盖，体现"与自然协调"的概念，起到美化环境的作用，适用流速为 3～4m/s。三维网垫护坡效果见图4.5。

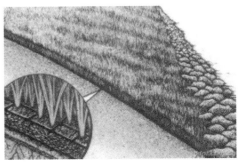

图4.5 三维网垫护坡效果图

3. 生态型绿化混凝土护坡

生态型绿化混凝土是能够适应植物生长、可进行植被作业的混凝土及其相应制品，是具有保护环境、改善生态条件、基本保持原有防护作用的混凝土及其制品。其特点：周边采用高强混凝土保护框并兼作模具，中间填筑无砂混凝土，采用普通硅酸盐水泥及特定的碱性水环境改造方法，形成生态型绿化混凝土。

生态混凝土整体性好，结构稳定，强度大于 $10N/mm^2$，能有效防止水流流速过快时的冲刷问题，克服草皮护坡抗冲流速低的问题。同时绿化混凝土施工工艺可以高度机械化，效率高，采用机械化方法浇筑的绿化混凝土河道护坡，可以在护坡表面生长出自然植被，大大增加城市的绿化面积，较好地兼顾工程及生态景观等多方面的要求，工程完建后景观自然，不破坏自然生态，与环境和谐结合。生态型混凝土护坡效果见图4.6。

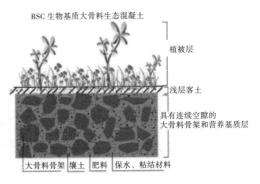

图4.6 生态混凝土护坡效果图

4. 联锁式水工砌块护坡

联锁式水工砌块护坡是用干硬性细石混凝土经混凝土成型机振动加压制成，具有密实度好、强度高、抗冲击能力强、抗冻、抗腐蚀、持久耐用、可重复使用等优点。每块水工砌块与周围 6 块共同联锁啮合固定，有利于保证护坡整体稳定性。砌块在其开孔中种植草皮，掩藏砌块形态绿化周边环境。联锁式砌块及其护坡效果见图 4.7 和图 4.8。

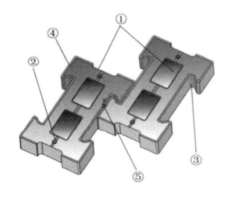

联锁式护坡

① 大孔及相邻两块联锁块形成连接孔可作为植生孔使用，也可加入缀级配碎石起到消能的作用。

② 坡度较陡时小孔插锚固棒，连接联锁块与土体，使结构更加稳固。

③ 楔形榫槽增加联锁功能，防止护坡块向不同方向发生位移。

④ 周边槽形可消散水流、波浪中的部分能量，潴留水体的杂质颗粒，减少淤泥产生。

⑤ 相邻两块并排形成5°V 型槽，适应坡面不均匀沉降，减少块体损坏

图 4.7　联锁式砌块

生态联锁式护坡是一种集护坡、生态恢复、装饰为一体的生态建设系统。在欧洲一些国家及美国广泛推广。联锁的设计非常独特：每块联锁砖块与附近的 6 块砖产生超强连接作用，因此，铺面系统在河水的冲刷下，仍然保持较高的整体稳定性。并且，随着联锁块砖的中央孔中植物的生长，不仅能够提高护坡的耐久性和稳定性，而且起到保护河道生态环境的作用。近年来，生态联锁式护坡在中小河流的治理工程中得到了广泛应用。

图 4.8　联锁式砌块护坡

5. 铰接式护坡

铰接式护坡是一种连锁型高强度预制混凝土块铺面系统。铰接式护坡系统是由一组尺寸、形状和重量一致的预制混凝土块，用镀锌的钢缆或聚酯缆绳相互连接而形成的连锁型矩阵。护坡系统可通过缆绳的作用将单个自重约 35kg 的散体块连系成一个抗倾覆力很强的整体。高达 25% 的高开孔率起到渗水、排水、消能的作用，表面特殊设计的沟槽能够削弱水的破坏性力量，起到碎波防浪作用，从而给河岸、河堤提供连续的侵蚀保护。铰接式护坡效果图见图 4.9 和图 4.10。

铰接式护坡系统为柔性结构，可保留江河湖泊原有的自然形态，保留或恢复其蜿蜒性或分汊散乱状态，通过土工复合材料可有效抑制江河湖泊淤泥的形成。护坡垫在迎水面应垫以砂土混合物，保证在正常水线之上可以在垫孔隙间种植绿色植被。

图 4.9　铰接式护坡效果图

图 4.10　铰接式护坡绿化效果图

根据不同的地形地貌，可人工铺设，也可机械化施工，绳索在施工过程中可提高施工精度，保证各独立块位置的正确。铰接式护坡可在高速水流引起的高切应力下安全工作，并无需围堰。

6. 麦克加筋垫护坡

加筋麦克垫是一种加筋的三维土工垫，它是将立体聚酯材料挤压于机编六边形双绞合钢丝网面上形成的，具有强度高、施工便捷、环保效果佳、绿化效果好等特点。加筋麦克垫平铺固定在坡面上后，草籽撒播于网的空腔内，草籽和有机土受到六角形双绞合金属网的保护不受冲刷损失，还可适当保持水分，易于草籽发芽，必要时还可人工洒水，保持草的生长条件，一个雨季即可使草茂密生长。选择根系发达的草种，植被根系穿过加筋麦克垫后能对坡面浅表层土起到加筋作用，同时加筋麦克垫能够对植被根系起到永久的加筋作用，将坡面植被及受植被根系影响的浅表层土体连成整体，加筋麦克垫强度高的特点也确保了这种整体性，从而能够增强坡面浅表层土体的整体稳定。加筋麦克垫的孔隙性结构能够削减雨水势能，防止对坡面造成冲刷。加筋麦克垫护坡作为一种开放性结构，坡后地下水能够自由排泄，避免了由于地下水压力的升高而引起的边坡失稳问题，同时还能抑制边坡遭受进一步的风化剥蚀。麦克加筋垫护坡效果见图 4.11 和图 4.12。

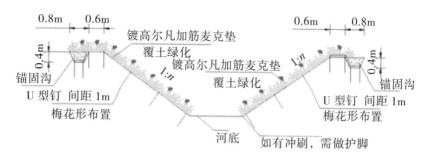

图 4.11 麦克加筋垫护坡示意图

图 4.12 麦克加筋垫覆绿效果图

7. 浆砌石护岸

浆砌石护岸优点是护岸抗冲流速大，可就地取材，施工简单。缺点是投资较高，自重较大，对地基承载力要求高，不易适应地基的不均匀变形。浆砌石护坡效果见图 4.13。

图 4.13 浆砌石护坡效果图

8. 钢筋混凝土挡墙

钢筋混凝土挡墙是常见的形式，优点是抗冲性能好，整体性强，强度较高。缺点是景观效果差，投资较高，地基承载力要求高，不能适应地基的不均匀沉降。钢筋混凝土挡墙效果见图 4.14。

图 4.14 钢筋混凝土挡墙效果图

9. U 型板桩护岸

U 型板桩是预制的预应力混凝土构件。优点是施工时免开挖、无围堰、对地基承载力要求低。缺点是投资较高，施工机具占地面积较大。U 型板桩护岸效果见图 4.15。

图 4.15 U 型板桩护岸效果图

4.5.2.3 护坡形式比较

护坡形式选取时，应从防冲能力、造价、生态景观效果、施工便捷等角度分别考量，综合选择最优的护坡方案。常用护坡形式优缺点比较见表 4.20。

（1）在防冲能力上，铰接式护坡和生态混凝土最优，联锁式水工砌块护坡和三维网垫护坡次之，植物护坡最差。

（2）护坡折算每平方米造价从小到大依次为：植物护坡、三维网垫护坡、联锁式水工砌块护坡、生态混凝土护坡、铰接式护坡、麦克加筋垫护坡、生态石笼护坡。

（3）从生态环境及景观方面，均能实现生态绿化，且植物护坡、三维网垫护坡、麦克加筋垫护坡的植被覆盖率最高。

表 4.20 各护坡形式优缺点比较

序号	比较项目	草皮植被护坡	三维网垫护坡	联锁式水工砌块护坡（含土工布）	生态混凝土护坡（含土工布、绿化）
1	护坡结构图				
2	允许不冲流速	<2m/s	3～4m/s	<5m/s	<5m/s
3	防护能力	防冲刷、防渗效果一般	防冲刷效果较好	具有很强的抗冲击能力，耐久性好	防冲刷效果较好
4	施工工艺	施工简单	施工工艺较简单	施工经验较少，但施工工艺较简单，施工快捷	施工经验较少，但施工工艺较简单
5	生态性	生态良好，较环保	生态良好	生态良好	生态良好
6	水土保持	水土易流失	水土保持能力一般	水土保持能力较强	水土保持能力较强
7	结构稳定	稳定性差	稳定性一般	独特的结构设计形成联锁，稳定性较强	稳定性较强
8	可比投资	12.1 元/m²	33 元/m²	85.96 元/m²	110 元/m²

续表

序号	比较项目	麦克加筋垫护坡	铰接式护坡	生态石笼护坡
1	护坡结构图			
2	允许不冲流速	<2m/s	3～4m/s	<5m/s
3	防护能力	防冲刷、防渗效果一般	防冲刷效果较好	具有很强的抗冲击能力，耐久性好
4	施工工艺	施工简单	施工工艺较简单	施工简单快捷
5	生态性	生态良好、环保性好	生态良好	生态良好
6	水土保持	水土保持能力较好	水土保持能力较好	水土保持能力较强
7	结构稳定	稳定性较好、连贯性较好	稳定性强，即使缆绳出问题也不会影响其整体稳定	稳定性强
8	可比投资	150 元 /m²	120 元 /m²	200 元 /m²

（4）从施工便捷的角度，除植物护坡外，三维网垫护坡、铰接式护坡、麦克加筋垫护坡和生态石笼护坡施工简便且施工经验丰富，其中铰接式护坡可水下施工。

4.5.2.4 河道拓宽

河道的扩宽指在原有河道的宽度上人工地增加宽度。河道扩宽能够使大流量水快速通过，防止河道水面上涨过快带来的安全隐患。特别是经过城市中的河道，河道过于狭窄，于洪峰来临时，疏导不利，城市变为海洋。河道扩宽施工中，要考虑河岸房屋树木的补偿问题，维护人民物权。还应考虑开挖泥土的运输以及开挖宽度，做到适度与实用的原则，施工完成后要进行堤坝维护。

河道拓宽一般针对河道瓶颈处进行。拓宽河道以不影响当前的交通、城市面貌、生产性企业、其他重要构筑物、不予移除苗木等为依据，一般以绿化带为缓冲进行拓宽。拓宽时应重点做好调查和地勘，以免影响地下管线或截污管涵。河道拓宽设计时应对拓宽后的河道重新计算河道水面线，保证拓宽处河道的行洪安全。

4.5.2.5 堤岸加高

对欠高部分的堤段进行加高。加高后的堤岸结构应满足稳定安全要求。堤身填料选择应按照因地制宜、就地取材的原则，为充分利用开挖料进行填筑，以节省投资，除部分开挖黏土料可作为填筑料外，需利用料场开采的黏性土、山皮土、塘渣回填。对部分基础较好的浆砌石挡墙防洪堤，堤后直接回填开挖料。根据《堤防工程设计规范》（GB 50286—2013），填筑土料含水率与最优含水率的允许偏差宜为 ±3%，黏粒含量在 10%～35%，塑形指数为 7～20。堤身填土压实度应满足《堤防工程设计规范》（GB 50286—2013）中的压实度要求。堤岸加高设计参数列表见表 4.21。

表 4.21 堤岸加高设计参数表

序号	河名	堤岸长度		原堤顶高程		加高后堤顶高程		加高段边坡		堤顶宽	备注
		左堤	右堤	左堤	右堤	左堤	右堤	左堤	右堤		

堤岸加高设计后对堤防进行自身稳定性、渗流稳定、基础承载力稳定、迎水面护坡冲刷等计算。

1. 渗流稳定计算

土质堤防渗流稳定计算采用有限元法解析二维渗流控制方程，普遍多选用理正或 AutoBank 等软件进行计算，并支持绘制流网。

选取典型断面，设定典型工况后，可计算得堤岸的渗流稳定结果及稳定渗流等势线图。土质堤防渗流计算成果列表见表 4.22。

表 4.22　土质堤防渗流计算成果表

桩号	工况	出逸点高程 /m	出逸点坡降	出逸点坡降允许值	是否满足渗流稳定要求
	正常运用条件				
	非常运用条件				
	正常运用条件				
	非常运用条件				

注　1. 出逸点坡降允许值由地勘报告给出建议值。
　　2. 正常运用条件是指稳定渗流期，非常运用条件是指水位骤降期。

2. 堤防边坡稳定分析

土质堤防在渗流稳定计算的基础上，分析上述断面堤坡稳定情况。根据《堤防工程设计规范》（GB 50286—2013），计算稳定渗流期背水坡堤坡稳定安全系数。稳定计算根据不同假定有多种经典计算方法——瑞典法、毕肖普法、摩根斯顿法，具体公式参见《堤防工程设计规范》（GB 50286—2013）等相关文献。稳定计算成果填入稳定计算成果表，并给出抗滑稳定滑弧图。土质堤防稳定计算成果列表见表 4.23。

表 4.23　土质堤防稳定计算成果表

桩号	工况	出逸点高程 /m	抗滑稳定安全系数		规范允许值	是否满足规范要求
			上游	下游		
	正常运用条件					
	非常运用条件					
	正常运用条件					
	非常运用条件					

挡土墙依据《水工挡土墙设计规范》（SL 379—2007），对应不同渠段的挡墙形式，依照各河段左、右岸挡墙选取典型断面，进行抗滑移、抗倾覆、基底应力、墙身截面强度等安全性验算。挡土墙稳定性计算成果列表见表 4.24。

表 4.24　挡土墙稳定性计算表

桩号	挡墙形式	工况	抗滑稳定系数		抗倾覆稳定系数	
			安全系数	规范数值	安全系数	规范数值
		正常运用条件				
		非常运用条件				
		正常运用条件				
		非常运用条件				

3. **堤防地基处理**

堤防工程常用的软土地基处理方法有下列几种：

（1）堤身自重挤淤法。通过逐步加高的堤身自重将处于流塑态的淤泥或淤泥质土外挤，并在堤身自重作用下使淤泥或淤泥质土中的孔隙水应力充分消散和有效应力增加，从而提高地基抗剪强度。在挤淤过程中为了不致产生不均匀沉陷，应放缓堤坡、减慢堤身填筑速度，分期加高。其优点是可节约投资；缺点是施工期长。此法适合于地基呈流塑态的淤泥或淤泥质土，且工期不太紧的情况下采用。

（2）抛石挤淤法。把一定量和粒径的块石抛在需进行处理的淤泥或淤泥质土地基中，将原基础处的淤泥或淤泥质土挤走，从而达到加固地基的目的。一般要求将不易风化的石料（尺寸不宜小于 30cm）抛填于被处理堤基中，抛填方向根据软土下卧地层横坡而定。横坡平坦时自地基中部渐次向两侧扩展；横坡陡于 1:10 时，自高侧向低侧抛填。最后在上面铺设反滤层。这种方法施工技术简单，投资较省，常用于处理流塑态的淤泥或淤泥质土地基。

（3）垫层法。把靠近堤防基底的不能满足设计要求的软土挖除，代以人工回填的砂、碎石、石渣等强度高、压缩性低、透水性好、易压实的材料作为持力层。可以就地取材，价格便宜，施工工艺较为简单。该法在软土埋深较浅、开挖方量不太大的场地较常采用。

（4）预压砂井法。在排水系统和加压系统的相互配合作用下，使地基土中的孔隙水排出。常用的排水系统有水平排水垫层、排水砂沟或其他水平排水体和竖直方向的排水砂井或塑料排水板；加压系统有堆载预压、真空预压或降低地下水位等。当堆载预压和真空预压联合使用时又称真空联合堆载预压法。基本做法为：先将等加固范围内的植被和表土清除，上铺砂垫层；然后垂直下插塑料排水板，砂垫层中横向布置排水管，用以改善加固地基的排水条件；再在砂垫层上铺设密封膜，用真空泵将密封膜以内的地基气压抽至 80kPa 以上。该方法往往加固时间过长，抽真空处理范围有限，适用于工期要求较宽的淤泥或淤泥质土地基处理。流变特性很强的软黏土、泥炭土不宜采用此法。

（5）振动水冲法。利用一根类似插入式混凝土振捣器的机具，称为振冲器，有上、下两个喷水口，在振动和冲击荷载的作用下，先在地基中成孔，再在孔内分别填入砂、碎石等材料，并分层振实或夯实，使地基得以加固。用砂桩、碎石桩加固初始强度不能太低（初始不排水抗剪强度一般要求大于 20kPa），对太软的淤泥或淤泥质土不宜采用。

石灰桩、二灰桩是在桩孔中灌入新鲜生石灰，或在生石灰中掺入适量粉煤灰、火山灰（常称为"二灰"），并分层击实而成桩。它通过生石灰的高吸水性、膨胀后对桩周土的挤密作用、离子交换作用和空气中的 CO_2 与水发生酸化反应使被加固地基强度提高。

（6）旋喷法。利用旋喷机具造成旋喷桩以提高地基的承载能力，也可以作联锁桩施工或定向喷射成连续墙用于地基防渗。旋喷桩是将带有特殊喷嘴的注浆管置于土层预定深度后提升，喷嘴同时以一定速度旋转，高压喷射水泥固化浆液与土体混合并凝固硬化而成桩。所成桩与被加固土体相比，强度大、压缩性小。适用于冲填土、软黏土和粉细砂地基的加固。对有机质成分较高的地基土加固效果较差，宜慎重对待。而对于塘泥土、泥炭土等有机质成分极高的土层应禁用。

（7）强夯法。将80kN以上的夯锤起吊到很高的地方（一般为6～30m），让锤自由落下，对土进行夯实。经夯实后的土体孔隙压缩，同时，夯点周围产生的裂隙为孔隙水的出逸提供了方便的通道，有利于土的固结，从而提高了土的承载能力，而且夯后地基由建筑荷载所引起的压缩变形也将大为减小。强夯法适用于河流冲积层，滨海沉积层黄土、粉土、泥炭、杂填土等各种地基。

（8）土工合成材料加筋加固法。将土工合成材料平铺于堤防地基表面进行地基加大作业，能使堤防荷载均匀分散到地基中。当地基可能出现塑性剪切破坏时，土工合成材料将起到阻止破坏面形成或减小破坏发展范围的作用，从而达到提高地基承载力的目的。此外，土工合成材料与地基土之间的相互摩擦将限制地基土的侧向变形，从而增加地基的稳定性。

地基处理根据现场实际情况在保证堤防地基稳定的前提下，选择施工快、经济效益好的地基处理方式。地基承载力计算列表见表4.25～表4.27。

表4.25 挡土墙地基承载力计算表

桩号	挡墙形式	工况	稳定系数			
			最大压应力	最小压应力	不均匀系数	规范数值
		正常运用条件				
		非常运用条件				
		正常运用条件				
		非常运用条件				

注 非常运用工况指施工情况、校核洪水位情况及地震情况。

表4.26 高压旋喷桩计算成果表

桩号	挡墙形式	有效桩长	桩距	单桩承载力特征值	实际复核地基承载力特征值	布置方式

表4.27 复合地基沉降计算成果表

桩号	挡墙形式	复合地基沉降计算经验系数	土层数	计算变形量	复合地基承载力特征值	天然地基承载力	复合地基最终变形量

4.5.2.6 护岸加高

护岸一般设计为生态型护岸，也包括斜式护岸与垂直型护岸。斜式护岸多采用中空生态砌块、美固石护岸、生态石笼护岸、麦克加筋垫护岸等，垂直型护岸多采用仿木桩生态护岸等。生态型护岸不仅景观效果好、外观美、亲水性好，还能减轻农业等面源污染对河道水质的影响，同时满足河道防洪排涝的要求。有条件的情况下，应尽量将生态护岸岸坡设置成较缓的，岸顶空间留存充足，景观与水体缓滞的效果更好。岸坡结构同时还应结合河道景观改造与截污干管的需要。

1. 衬砌厚度计算

根据《堤防工程设计规范》（GB 50286—2013）的经验公式，计算衬砌厚度。

2. 岸坡稳定分析

根据《水利水电工程边坡设计规范》（SL 386—2007），按照正常运用工况、非常运用工况Ⅰ、非常运用工况Ⅱ计算岸坡稳定。对于土质边坡和呈碎裂结构、散体结构的岩质或土质边坡，当滑动面呈圆弧形时，宜采用简化毕肖普法和摩根斯顿—普莱斯法进行抗滑稳定计算。岸坡稳定性计算列表见表 4.28。

表 4.28　岸坡稳定性计算表

桩号	挡墙形式	计算工况	边坡等级	计算稳定系数	规范数值	是否满足规范要求

3. 仿木桩稳定计算

根据《建筑基坑支护技术规程》（JGJ 120—2012）计算公式，按最不利工况进行计算，内力计算方法采用增量法，稳定计算列表见表 4.29。

表 4.29　仿木桩稳定性计算表

桩号	基坑深度	嵌固深度	桩顶标高	桩材料类型	桩直径	桩间距	支护结构重要性系数	结构安全等级	抗倾覆系数	规范数值

4.5.3　河道清淤疏浚

河道淤积一般由多种原因造成。有的南方城市河道上游为山洪沟，河道纵坡较陡，而下游平原河段相对平缓，平均坡降很小，造成下游河段淤积严重。有的河道河口、尾闾河段的淤积抬升使得河道基准面太高，从而使得中上游河段发生溯源淤积，河段坡降变缓，影响河道的行洪能力。有的河道入海口受到潮水顶托影响，水动力条件变差，水量无法顺利泄出，造成河道淤积严重。河道淤积不仅影响两岸堤防的安全，还会对水质造成污染，同时减小行洪断面，使得防洪形势更为严峻。

针对淤积对河道造成的主要影响，可将河道清淤疏浚分为水力清淤和生态清淤。旨在加大过水断面，提高行洪能力的清淤称之为水力清淤。通过测量，确定淤泥层厚度，清除淤泥后，重新汇总河道断面设计参数，并重新计算水面线。清淤疏浚后河段断面参数列表见表 4.30，清淤疏浚后水面线计算成果列表见表 4.31。

表 4.30　清淤疏浚后河段断面形式及参数

桩号	河道范围	清淤厚度 /m	设计底宽 /m	河底高程 /m	设计纵坡坡降	左岸坡比	右岸坡比	堤顶高程 /m

表 4.31　清淤疏浚后水面线计算成果

河流名称	桩号	河底高程 /m		河底坡降		水位 /m		备注
		清淤前	清淤后	清淤前	清淤后	清淤前	清淤后	

常用清淤方式有：人工清淤、水力冲挖、机械清淤。

（1）人工清淤。在施工段河道上、下游填筑编织袋填土围堰，排水后采用人工清淤与吹填泵送相结合的施工方法。

（2）水力冲挖。在施工段河道上、下游填筑编织袋填土围堰，排水后采用水力冲挖机组对河床进行冲挖。

（3）机械清淤。无须截断河流，直接利用挖泥船或挖掘机等大型机械挖运黏土淤泥。

不同清淤方式各有优缺点，详细比较见表 4.32。

表 4.32　清淤方案比较表

方 案	优 点	缺 点
人工清淤	①清淤彻底、方便； ②淤污物含水量小，便于运送； ③造价相对较省； ④对周围环境影响较小，特别是无噪声污染	①工期较长，进展缓慢； ②断水作业，易受洪水等外界因素影响，对城市防洪影响大

续表

方案	优　点	缺　点
水力冲挖	①施工强度大，工期短； ②可以利用泥浆泵直接将淤泥送到数百米甚至上千米远处； ③施工方便	①淤污物含水量大，体积变化大，不容易消纳； ②断水作业，易受洪水等外界因素影响，对城市防洪影响大； ③投资相对较高
机械清淤	①施工强度大，工期短； ②不易受洪水等外界因素影响，对河道行洪不会造成大的不利影响； ③不受生活垃圾和建筑垃圾等杂物对生产效率的影响	①施工所需水域条件较高； ②抓斗式等挖泥船对淤泥清理不彻底； ③淤污物含水量大，体积变化大，不容易消纳

4.5.3.1　清淤方式

近年来，国内外河道清淤技术主要包括绞吸式挖泥船清淤、耙吸式挖泥船清淤、抓斗式挖泥船、水上挖掘机、水陆两用绞吸泵、移动式吸泥泵等，底泥输送技术主要包括泥驳运输、输泥管运输、皮带机运输、自卸汽车运输等。不同河道状况差异较大，河道宽窄不一，有些河道甚至部分河段是明渠、部分是暗渠。针对不同河道的特点，清淤采用因地制宜的原则，不同河道、同一河道不同河段采用不同的清淤方式。

4.5.3.2　底泥处置方案

河道底泥的污染归根结底是对水体的污染和底栖生物的危害。如果能消除其对水体和底栖生物的作用，则能有效降低污染底泥的环境影响。当今国内外底泥处置所依循的原则均是"减量化、稳定化、无害化和资源化"。处理要求是处理后的底泥对环境无害。淤泥的处理方法受到淤泥本身的基本物理和化学性质的影响，主要包括淤泥的初始含水率、黏粒含量、有机质含量、黏土矿物种类及污染物类型和污染程度。底泥处置方式主要有原位处理和异位处理两种技术。

1. 原位处理技术

原位处理是底泥不疏浚而直接采用物理化学或生物的方法减少受污染底泥的容积，减少污染物的量或降低污染物的溶解度、毒性或迁徙性，并减少污染物的释放控制和修复技术。原位处理技术主要有原位物理法、原位化学法和原位生物修复法。原位处理技术对比见表4.33。

表4.33　原位处理技术对比

处理方式	原位化学法	原位物理覆盖法	原位生物法
材料	硝酸钙、氯化铁和石灰等	粗砂、炉灰渣、粉尘灰等	微生物菌群
适用底泥	有机物污染	有机物、重金属污染	有机物污染

续表

处理方式	原位化学法	原位物理覆盖法	原位生物法
生态风险	加药量大，污染水质	侵占河道断面，降低防洪排涝能力	引入优势菌群，存在一定的环境风险
处理效果	见效快	见效快	见效慢
经济性	加药量大，成本较高	成本较低	成本高
后期维护	需多次加药	无	需频繁投药维护菌群稳定
局限性	只能小范围使用	不适用于径流大的水域	不适用于径流大的水域

考虑到工程的经济性、生态的安全性，运用原位处理技术存在以下不利因素：

（1）原位化学法虽然见效快，但当水体中投加的化学试剂达到一定浓度后，水质会受到影响，沉积物中的污染物也将依然存在于河流的底泥中，得不到有效的去除，甚至在一定条件下还会重新释放出来，对水体环境造成二次污染。

（2）原位物理法简单、见效快，但覆盖遮蔽并没有建设污染底泥层，反而会加速底泥层的厌氧反应和反硝化作用，造成覆盖层逐步侵蚀，容易形成污染反弹；同时原位覆泥沙遮盖，一方面降低了河湖防洪能力，另一方面同样会破坏原生态系统，可能导致新的生态危机。

（3）原位生物法是传统生物处理方法的延伸，其新颖之处在于治理的对象是较大面积的污染。现阶段微生物修复技术主要有直接投加法、吸附投菌法、固定化投菌法、根系附着法、底泥培养返回法、注入法及生物活化剂法等。其不利之处在于：因降雨洪水频繁发生，水质变化较大，无法保证菌群的稳定存在，频繁投药既不经济，也不现实；微生物菌群只对少部分易降解的有机污染物有效，对重金属、硫化物、高分子微生物没有效果；为避免微生物厌氧发酵产生臭味，需向水体投放好氧微生物菌群，这就需要增加水体含氧量，但曝气只能增加水体充氧量，而污染底泥中的含氧量无法提高，无法避免底层易降解有机物的厌氧发酵产生臭气，不能根治底泥持续向水体释放污染物；微生物制剂引入优势菌群，存在一定的环境风险。

生物活化剂较之普通菌群投放不同，其本身不含有任何活性菌体，不引入外源微生物，只通过激活水体及底泥中的土著微生物，提高种群密度及代谢活性，通过不同功能的微生物种群协作去除水体中的 COD、氮及磷等有机污染物，避免了对原生态系统的潜在影响，但对重金属和硫化物的去除没有效果。

还有一种治理工艺，即利用矿物质修复剂微细气孔发达、吸附能力强的特点，有害无机离子和重金属一旦被吸附就会被永久固定，平衡后被固化不会再溶出。该方法在去除污染物的同时还可增加水体透明度，但成本高，大范围使用不太现实。

2. 异位处理技术

异位处理即采用疏浚设备将黑臭底泥疏浚至岸边，通过浓缩、稳定、调理、脱水、灭菌、干化、堆肥、焚烧等一个或者多个处理手段组合，降低或消除污染物的毒性，以减小其危害。技术较为成熟，是底泥处理的主流方法。异位处理技术主要的处理方法有固化剂固化法、物理脱水固结法、热处理法等。

（1）固化剂固化法。该方法是众多底泥处理方法中造价低、固化效果好的方法之一。在河道清淤底泥中加入固化剂，搅拌均匀，待充分固化反应后，会使底泥高含水率、低强度的特性得到显著改善。由于这种技术底泥固化周期短，处理成本低，能将底泥无害化、减量化，同时固化产物还能资源化利用，变废为宝，减少土地占用，是河道底泥处置最有竞争力的技术之一。这种技术成功解决了底泥收集、脱水、运输、堆放、资源化利用全过程问题，也有效地解决了底泥占地面积大、堆放过程臭味严重的环境问题，因此底泥固化技术备受市场青睐。固化产物资源化利用途径有多种，既可代替传统黏土用于造地工程、筑坝工程、堤防工程及道路工程，也可代替耕植土作为园林绿化土或者用于制砖。底泥固化处理及使用见图 4.16 和图 4.17。

图 4.16　底泥固化土养护　　　　图 4.17　底泥作为工程填筑料

（2）物理脱水固结法。

1）土工管袋脱水法是从底泥自然干化脱水演变过来的方法，是一种简便、经济的底泥脱水方法。利用土工管袋的等效孔径具有的过滤功能，通过添加净水药剂促进泥和水分离，水渗出管袋外，底泥存留在管袋内。渗出水完全达到相关排放标准且可以收集循环利用。由于底泥渗透系数低，土工管带脱水法工期较长，根据类似经验，需要一年甚至更长时间。适用于气候比较干燥、无工期要求、土地使用不紧张以及环境卫生条件允许的地区。

2）真空预压固化法是借鉴传统软基处理真空预压法的思想，传统真空预压法是在软土中设置竖向塑料排水带或砂井，上铺砂层，再覆盖薄膜封闭，抽气使膜内排水带、砂层等处于真空状态，排除土中的水分，使土预先固结以减少地基后期沉降的一种地基处理方法。真空预压固化法需就近找一片空地作为底泥接纳点，在底泥接纳点四周设置临时围堰，将河道底泥吹至围堰中，再进行真空预压处理，处理完毕后用于湿地开发或造地工程。

（3）热处理法。该方法包括底泥干化、底泥焚烧、底泥焚烧灰制砖等方法。

1）底泥干化，按热介质与底泥的接触方式可分为两大类：一类是用燃烧烟气进行直接加热；另一类是用蒸汽或热油等热媒进行间接加热。用烟气进行直接加热时，由于温度较高，在干化的同时还使底泥中许多有机质分解。间接加热时，温度一般低于120℃，底泥中的有机物不易分解。该方案需要专门的处理场所，难度较大。

2）底泥焚烧，是一种常见的处置方法，它可以破坏全部有机质，杀死病原体，并最大限度地减少底泥体积，相对含水率约为 75% 的底泥焚烧残渣仅为原有体积的 10% 左右。当底泥自身的燃烧值较高，或底泥有毒物质含量高，不能被综合利用时，可采用燃烧处置。但焚烧处理单价较高、尾气难以处理等问题已成为制约底泥焚烧工艺的主要因素。底泥在燃烧前，一般应先进行脱水处理和热干化，以减少负荷和能耗。

底泥焚烧产生大量带飞灰的烟气，这些烟气中含有多种有毒物质，如氮氧化物、二氯化硫、氯化氢、粉尘、重金属（汞、镉、铅等）和二噁英等，易形成二次污染。且尾气处理工艺复杂、技术难度大、处理成本昂贵。一般情况下不推荐采用底泥焚烧方案。

3）底泥焚烧灰制砖，即底泥焚烧灰和黏土混合砖。底泥焚烧灰和黏土的制坯、烧成、养护等制造工艺均与黏土砖相近，烧制成品既可用于非承重结构，也可以按标号用于承重结构。但与干化底泥制砖相似，它也要用黏土当原料，对于禁用黏土制砖地区，仍不适用。当底泥与黏土重量比按 1:10 配料时，底泥砖可达到普通红砖的强度。但由于受坯体有机挥发物成分含量的限制，当有机挥发物达到一定限度会导致开裂，影响砖块质量。且底泥灰与黏土拌和物制砖的吸水率较黏土砖高、强度低。

底泥处置方案对比见表 4.34。

表 4.34 底泥处置方案对比

序号	方案		优点	缺点	是否推荐
1	固化剂固化法		造价低，固化效果好，固化产物可资源化利用	固化施工临时用地面积相对较大，需要养护时间	推荐
2	物理脱水固结法	土工管袋脱水法	施工简便、经济	工期长，用地多，底泥难以资源化利用	不推荐
		真空预压固结法	施工简便、经济	工期较长，用地多	备选方案
3	热处理法	底泥的干化技术	可分解部分污染物	需专门的处理场所	不推荐
		底泥的焚烧技术	体量大大降低	尾气、粉尘难以处理，产能限制	不推荐
		底泥焚烧灰制砖	可资源化利用	产能限制，砖块质量有影响	不推荐

4.5.3.3 底泥资源化应用

以往对底泥的处置主要有填埋堆放，不仅会占用大量的土地资源，雨水会将填埋堆放的淤泥冲进地表径流中，污染周边区域。随着城市的发展和生态文明建设的要求，填埋堆放的方式不适用，底泥的资源化利用成为底泥处置的发展趋势。

对于营养充足，污染符合条件的底泥可优先考虑土地利用，用于有机肥、育苗基质、草坪营养土等。污染严重的会对农作物及食物链产生危害的底泥，可用作园林绿化建设和严重扰动土地的修复利用。

1. 园林绿化用土

底泥用作园林绿化时，泥质应满足《城镇污水处理厂污泥处置 园林绿化用泥质》

（GB/T 23486—2009）的规定和有关标准要求。淤泥必须首先进行稳定化和无害化处理，并根据不同地域的土质和植物习性，确定合理的施用范围、施用量、施用方法和施用时间。可将处理后的淤泥用作栽培介质土、土壤改良材料等。

河道或湖泊等水体的底泥经泥水分离脱水处理后按照绿化用泥质的要求与定制配比的微生物有机肥拌和后，作为绿化种植用土。处理后淤泥用于园林绿化时，其 pH 应为 5.5～8.5，含水率应不大于 40%，总养分（总氮＋五氧化二磷＋总氧化钾）应不小于 3%，有机质含量应不小于 25%；同时，其污染物浓度限值应满足规范 GB/T 23486—2009 中表 3 的要求。

2. 淤泥工程应用

对干化底泥进行再次干燥、脱水、固化稳定处理和热处理，使其适合于工程需求，可进行回填施工，作为填筑材料使用。从工程应用角度出发，以化学固化处理为主同时辅以物理固化是目前最为快捷、适用范围最广、造价最理想的方法，与一般土料相比，淤泥固化土不产生固结沉降、强度高、透水性小，除可以免去碾压等地基处理外，有时还可达到普通砂土所达不到的工程效果。

清淤的底泥经处理后，可用于堤防背水坡的填筑。堤防背水坡填筑土料的指标需满足填筑土料含水率与最优含水率的允许偏差宜为 ±3%，黏粒含量在 10%～35%，塑形指数为 7～20；同时需满足栽植草皮的指标要求：pH 应为 5.5.～8.5，含水率应不大于 40%，总养分（总氮＋五氧化二磷＋总氧化钾）应不小于 3%，有机质含量应不小于 25%；其污染物浓度限值应满足（GB/T 23486—2009）中表 3 的要求。淤泥处理土填筑位置示意见图 4.18。

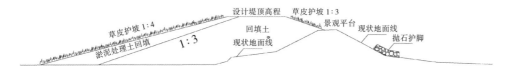

图 4.18　淤泥处理土填筑位置图

4.5.4　蓄滞洪工程

4.5.4.1　蓄洪湖

蓄洪湖工程对洪水起到一定的滞蓄作用，同时具有雨洪利用的功能，对下游河道具有生态补水的作用，可作为浅水天然湿地或生态涵养湿地公园。蓄洪湖工程基本参数列表见表 4.35。

表 4.35　蓄洪湖工程基本参数表

序号	所在河流	蓄洪湖面积 / 万 m²	库容 / 万 m³

4.5.4.2　水库

由于城市河道所在流域内可用于建设水库工程的地形条件通常极少，从城市防洪工程体系规划角度，流域内往往不具备新建水库工程的条件。从综合管理运用角度，为充分发挥现有水库工程的防洪效益，保证既有水库大坝安全运行等方面考虑，需对现状水库工程进行改扩建。

1. 提高水库的校核洪水标准

水库工程大坝的安全直接威胁着下游城市的防洪安全，结合水库下游城市的重要性，提高建筑物校核洪水标准。

2. 配置泄洪底孔或中孔

根据《水利工程水利计算规范》（SL 104—2015）第 3.3.13 条规定："如水库垮坝失事将导致严重后果，泄洪能力宜留有一定余地。" 城市河流已经建设的水库下游多为重要城区，各水库应结合排沙、放空底孔、供水涵洞等，配置相应的泄洪底孔或中孔，使水库大坝如发生危险时，具有一定放空措施。

4.5.5　其他防洪潮工程措施

随着城市的不断发展，一些河道存在提标的可能性。但此时堤岸加高、河道拓宽几乎没有空间，防洪潮措施需考虑其他工程类型，例如在现有防洪体系形成的基础上，对洪水进行分区控制，在山洪入城前，采用地下隧洞、地下调蓄水库进行截流、调蓄或分洪，削减支流下游洪峰流量，进而提高下游河道防洪标准。或对下游感潮河段的支流，今后提标存在困难时，可结合挡潮闸，在入河处按支流河道设计洪水流量新建或扩建排水泵站，将提标后河道内设计洪水排出。

4.5.5.1　深隧分洪

城市空间拥挤，中心城区在现有浅层排水系统改造困难极大的情况下，考虑建设深层隧道，符合现代大城市发展的需求，具有较强的战略性与前瞻性。深隧分洪在广州、香港、武汉均有成功的先例。

深隧工程可分截流隧洞和分洪隧洞两部分，截流隧洞沿山脚布置，隧洞进口可采用竖井和汇流沟渠将山水收入洞内；分洪隧洞可沿河道或城市道路方向布置，将支流上游洪水分流，并通过隧洞引入河道。深隧工程布置示意见图 4.19。

4.5.5.2　河口改造工程

按设计洪水，对感潮河段入河流的支流口排水能力进行复核，并提出相应泵站设计流量。河口改造工程规划复核列表见表 4.36。

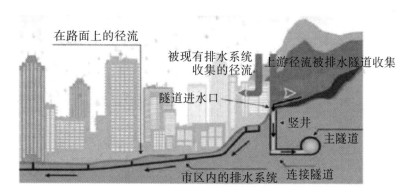

图 4.19 深隧工程布置示意图

表 4.36 河口改造工程规划复核表

序号	河流名称	设计洪水标准重现期 /a	洪峰流量/（m³/s）	现状泵站流量/（m³/s）	规划泵站流量/（m³/s）	备注

4.6 雨水资源化利用

　　雨水作为天然水具有处理成本低，处理方法简单的优点。逐渐成为一种新型的可再生水资源。因此，消除洪灾破坏，实现水资源的优化配置，是解决城市水环境问题的关键。城市雨水收集在自然水循环系统中很重要。城市雨水收集与利用资源是一种新型的多目标综合技术，为城市发展带来了巨大的环境效益、经济和社会效益。

　　常用的低影响开发雨水综合利用措施包括：雨水花园、绿化屋顶、透水铺装地面、植被草沟、下凹式绿地、雨水湿地、雨水滞留塘、雨水储水模块等。

4.6.1 绿色屋顶

　　平顶屋顶添加 LID 措施，具体是通过在屋顶添加类似于蓄水池的设施，蓄水高度为100mm，用来承接一部分的雨水，达到雨水削峰的目的，从而减少管网的压力，降低积水深度。屋顶蓄水池效果见图 4.20。

图 4.20 屋顶蓄水池效果

根据深圳市 2 年一遇 180min 降雨工况下，添加屋顶蓄水池前、后积水点分析结果，在区域内添加屋顶蓄水池后总出流量得到了控制，尤其是在降雨高峰时段，峰值降低约 1000m³/s，可见屋顶蓄水池措施对于 2 年一遇的排涝效果明显。

4.6.2 道路排涝

对于超标准暴雨排涝，靠提高泵站装机容量等工程措施提高防洪排涝能力往往成本很高。遭遇强暴雨时，几乎可以肯定会导致大面积长时间和水深较深的淹没，单靠雨水管网和泵站强排是不现实的。因此，在有条件的地方，进行合理的竖向设计，使路面洪水顺地形自流到河道或湖泊边，再利用临时或者固定的排水泵站将雨水排入河道，这样能够极大地减少管网的投资，也能够解决在短期内无法进行雨水管网铺设的内涝区域排水问题。

雨水进入排水管道，然后进入雨水污染物收集装置，再排向泵站或水体。当泵站来不及排水导致路面积水时，路面洪水可以顺着路面流到道路的尽头，越过一个小坎（起阻水消能作用），以漫流的方式流过生态草地，再流到河湖，在河湖处可设置消能结构。道路泄洪示意见图 4.21 和图 4.22。

4.6.3 雨水滞蓄

对新建片区，推荐采用雨水滞留设施，源头分散控制雨水径流污染；完善大截排系统，增加截留系数，尽可能截留初期雨水；对现状建成区，结合公园、河湖水体、湿地滞洪区等建设雨水滞蓄设施，在调蓄雨水的同时，实现雨水的生态净化；对雨污合流区域，加快雨污分流改造，防止合流污水污染河道。

图 4.21 道路泄洪示意图

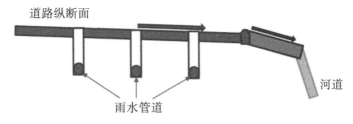

图 4.22 泄洪道路纵断面示意图

先应用多种雨水污染物收集过滤装置去除雨水中的污染物,再允许直接排放入河道和湖泊。如果受特殊土地利用的影响,雨水污染物成分复杂,也可以在雨水污染物收集装置后建设人工湿地。如果城市空置用地太少,除非可以确定有特别的溶解于水的污染物,可以不用湿地。图 4.23 为雨水污染物搜集装置示意图。

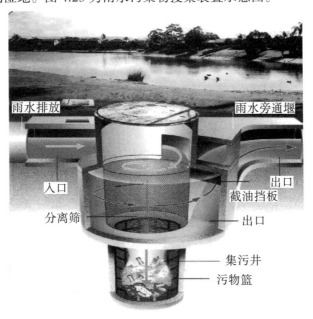

图 4.23 采用连续偏转技术的雨水污染物收集装置

4.6.4　雨水回收利用

在有条件的小区、公共建筑（工厂）进行雨水收集及回用示范；在现状公园，充分利用景观水体或建设雨水收集设施，收集回用雨水。回收雨水可以用作冲厕、洗衣服、浇花等的日常用水，因此不需要使用普通的饮用水作为家庭用水。另外，由于雨水中的钙量少，因此是软水，可以用作冷却水。城市雨水回收的雨水也适用于工业，可用于机器清洁，工作场所清洁等，以减少工业中的自来水量。回收的雨水也可以用作给道路和城市供水的城市用水。城市雨水回收用来补充地下水资源是最经济的方法，其效果见图 4.24。

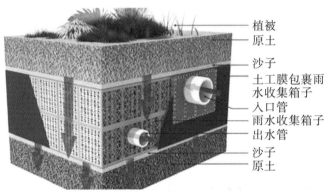

图 4.24　城市雨水回收效果图

城市雨水回收实现雨水资源的综合利用和节水的目标。减轻城市地区的雨水泛滥和降低地下水位，控制雨水径流污染以及改善城市生态环境。城市雨水回收利用建筑物、道路、湖泊等收集雨水以灌溉绿色空间，使用景观水或建立具有可渗透路面和可渗透材料的人行道，直接增加渗透量。

4.7　非工程措施

4.7.1　防潮保护区管理

洪潮灾害损失的增加趋势与保护区土地的开发利用有着密切的关系。在保护区土地开发利用之前，无所谓洪潮灾害损失，然而随着保护区土地被开发利用和居住时，也就有了洪潮水灾害问题，并且开始筑堤防洪。筑堤防洪带来的效益使得人们过分相信防洪潮工程提供的安全，反而又吸引越来越多的人在保护区定居，并加大了开发力度，加速了城市化的进程。保护区土地价值越来越高，人口和财富越来越向保护区聚集，土地越来越紧张，甚至侵占河道；河道过水断面越来越小，洪潮水位有逐年抬高的趋势。当遭遇超标准洪潮水的情况下，势必给保护区造成巨大的洪潮灾害损失。因此，要加强洪潮保护区土地管理，正确引导城市建设和人类活动。

保护区土地管理就是通过颁布一些法令条例规范人们在其中的开发行为，协调人与洪水的关系，实现洪泛区自然属性和社会属性的统一，达到减轻洪潮灾害、促进保护区经济社会与环境协调发展的目的。

保护区管理的目标主要包括以下内容：

（1）限制与洪水危险不相适应的未来的开发。

（2）减少现有开发的洪灾损失。

（3）减少洪水问题的影响。

（4）考虑减少洪潮损失、供水、水质、旅游和土地利用等综合效益。

（5）保持洪泛区自然价值等。

通过上述目标的实现，可以减轻洪灾损失，促进保护区内经济开发，使保护区具有较强灾前预防能力、遇灾应变能力及灾后恢复和重建能力，且最大限度减轻人类在保护区内无序和过度开发对生态环境产生的消极影响。

4.7.2　水情监测及洪潮预警系统

把实测或利用雷达遥感收集到的水文、气象、降雨、洪水等数据，利用通信系统传递到预报部门分析，或直接输入电子计算机进行处理，作出洪水预报，提供具有一定预见期的洪水信息，必要时发出警报，以便提前为抗洪抢险和居民撤离提供信息，以减少洪潮损失。它的效果取决于社会的配合程度，一般洪潮预见期越长，精度越高，效果就越显著。

4.7.3　洪水预警系统

洪水预报警报系统是一种重要的防洪非工程措施。对水情在线监测系统数据进行处理分析，对洪水进行预报警报，对于抗洪抢险具有重要意义，在将出现超安全水位以前作出警报，组织人员和财产撤退转移，可减免洪灾损失。

4.7.4　洪潮风险管理

由于洪潮的发生是随机的，土地利用必然具有风险性，为获取最大的利益而冒最小的洪水风险，加强洪潮风险管理的研究就显得十分重要。其最主要的实现手段是推行洪潮保险制度和编制洪潮风险图。

（1）洪潮保险作为一种社会保险，与其他自然灾害保险一样，具有社会互助救济性质。财产所有者以每年交付一定保险费形式，对其财产投保，遇洪潮受灾后，可得到损失财产的赔偿费。洪潮保险本身并不能减少洪潮灾害损失，而是以投保人普遍的相对均匀的支出来补偿少数受灾人的集中损失。洪潮保险是抗洪救灾的主要对策之一。我国洪潮灾害频率高、范围广、灾情重，而且防洪潮标准偏低，因而实施洪潮保险具有重要意义。

（2）洪潮风险图是洪潮保险的依据。洪潮损失不仅与淹没范围有关，而且与洪潮演进路线、到达时间、淹没水深及流速大小等有关。洪潮风险图就是对可能发生的洪潮灾害的上述过程特征进行预测，标示各处受洪潮灾害的危险程度。

对超标准的洪潮事先做好防、抗、救各项工作准备的预防方案（简称"预案"）。当超标准洪潮发生时，实施预案，使洪潮灾害的损失减少到最低限度。

第5章 水资源工程

5.1 现状供水工程

城市供水工程是庞大的系统工程，其中最与河道综合治理息息相关的就是河道内生态用水相关的工作。

分析现状水资源工程体系，水资源量、污水处理厂建设情况、提水泵站及输水管道工程概况、水库等蓄水建筑物情况，厘清生态水资源的来源、水量及供水去向、水量情况，明确用水缺口及生态供水工程相关建筑物的情况。

5.1.1 污水处理厂

归纳污水处理厂的位置、服务范围、处理能力、出水水质、建造年份、设备现状等，分析污水处理厂的数量和处理能力是否满足供水工程规划的需求。污水处理厂现状基本情况列表见表 5.1。

表 5.1 污水处理厂现状基本情况

序号	行政区划	污水厂名称	设计规模/(万 t/d)	2015 年实际处理水量/（万 t/d）	处理工艺	占地面积/hm²	出水标准	服务范围

提升污水处理厂的处理能力，并加强干支管网和河道截污工程等水污染治理配套工作，初步形成污水处理系统，大幅提高污水集中处理率，有效遏制水环境恶化的趋势。

目前污水处理厂普遍集中处理率比以前有了较大提高，但从污水处理厂运行水平、污水收集情况等方面来看，还存在较多的问题，主要体现在以下方面：

（1）污水处理厂利用率参差不齐，部分地区污水收集率有待提高。污水收集率偏低，需加大力度完善污水收集管网。

（2）早期建设的污水处理厂排放标准偏低，有待进一步提质改造。

（3）特别是城市建设地内的污水处理厂周边用地，基本为建成区或已批作为它用，污水处理用地扩展空间有限。

污水处理厂的处理能力缺口，结合工程现场具体情况，采取其他辅助净化设备，对现状污水处理厂进行改扩建或择址新建。

5.1.2　水库

梳理流域内水库现状情况,厘清水库是否承担供水任务,是否能为河道提供生态补水,水库是否形成了联合调度,生态供水是否有保障。水库基本情况统计列表见表5.2。

表 5.2　现状水库基本情况统计

序号	水库名称	所在地点	总库容 / 万 m³	兴利库容 / 万 m³	是否划定水源保护区	供水功能情况	备注
1							
2							
...							

5.2　河道生态需水量预测

河道内生态环境需水是指维护河流特定生态系统的结构和功能、维持水生生物生存基本生境条件的生态水量。目前,国内外还没有针对城市水系生态需水的明确定义。城市水系与一般大江大河的主要区别是河流较小,本身已成为城市空间的一部分,与城市居民的日常生活紧密相关,城市水系的经济用水功能(生活、生产供水)下降,休闲、景观功能上升,城市水系的生态目标应该包括以下四个方面:

(1)四季长流水。该目标要求城市河流一年四季不断流,河流中常年有水,从而维持河道的基本生态环境功能。

(2)生态多样性。河道生态功能的一个重要特点是生物多样性,即河道中应有多种鱼类,甚至哺乳动物存在,沿河有多种植物。要达到这一目标,就应维持河道有一定的水深、水面宽度、流速等,为多种动植物提供适宜的栖息地条件。

(3)河流景观长存。河流是一项重要的城市自然景观,已成为人们休闲、娱乐的好去处。要达到这一目标,就应使河流景点处具有一定的水面和水深。

(4)水体洁净安全。河道中流动的水应该是达到一定水质标准的清洁水,从而达到人水亲和,适于动植物的生长。

基于以上对城市水系生态目标的分析,本文认为城市河道内生态需水的定义为:维持城市水系生态多样性及景观长存的、具有一定水质的河流最小流量。这一定义概念明确,便于计算,重点突出河流的栖息地条件。

现行河道内生态需水计算方法主要包括水文学法、水力学法、栖息地评价法、整体评价分析法等,河道内生态需水涉及的问题复杂,尚未有公认的、普遍适用的计算方法,计算时应根据河道现状、所掌握资料情况以及项目所处阶段选用相应的计算方法。河道内生态需水计算方法及适用条件见表5.3。

表5.3 河道内生态需水的计算方法及适用条件

方法	计算原理及方法	适用条件
水文学法	依赖历史河流流量等水文资料估算生态需水，包括蒙大拿法、流量历时曲线法、90%保证率最枯月平均流量法、典型年最小月流量法等	属于统计方法，简单易行，对数据的要求不高，径流数据可以和决定河道流量需求的生态数据相联系，可以很容易地和规划模型结合，具有宏观指导意义，但未考虑生物需求与生物间相互作用，生态学意义不明确，不适用于季节性河流，且计算结果精度不高
水力学法	假定河道是稳定的、所选择的横断面能够确切地表征整个河道，研究生物对湿周、流速、水深等水力参数的需求，需要收集流量资料、河流横断面数据以及目标物种的水力特性喜好度等生态资料，包括湿周法、R2-Cross法、简化水尺分析法、WSP水力模拟法等	该方法包含了更多和更为具体的河流信息，如湿周、水面宽度、流速、深度、横断面面积等，需要收集河流流量与河流横断面参数方面的数据
栖息地评价法	通过评价水生生物对水力学条件的要求确定生态需水，包括自然栖息地模拟系统（PHABSIM）、河道内流量增加（IFIM）法、有效宽度（UW）法、加权有效宽度（WUW）法等	针对河道内生态保护目标为确定的物种及其栖息地的情况，具体实施比较复杂，需要大量的人力物力，不适合快速使用
整体分析法	建立在尽量维持河流水生态系统天然功能的原则上，以流域为单元，从河流生态系统整体出发，综合研究流量、泥沙运输、河床形状与河岸带群落之间的关系，全面分析河流生态需水	需要组成生态学家、地理学家、水力学家、水文学家等在内的专家队伍，具体实施需要大量的人力物力，资源消耗大，时间过程长，结果较复杂，宜用于流域整体的生态需水评估，不适合快速使用

R2-Cross法认为河流的主要功能是维持河流生物栖息地，并用平均水深、平均流速以及湿周率等指标来描述河流栖息地，其优点是物理概念明确，且计算有较强的理论依据，是计算典型城市河道生态需水量的理想方法。应用R2-Cross法的关键是确定适宜的栖息地条件，一般应从调查河流的生物种群数量级习性来反推适宜的栖息地条件。R2-Cross法栖息地条件参考标准见表5.4。

表5.4 R2-Cross法栖息地条件参考标准

河流顶宽 /m	平均水深 /m	湿周率 / %	平均流速 / (m/s)
0.30～6.10	0.06	50	0.3
6.40～12.19	0.06～0.12	50	0.3
12.50～18.29	0.12～0.18	50～60	0.3
18.59～30.48	0.18～0.30	≥70	0.3

典型城市河道一般都经过整治，断面形式多为梯形，水深为h时河道断面的水面宽

B，断面面积 A，湿周 χ 及水力半径 R 可按式（5.1）～式（5.4）计算：

$$B=b+2mh \tag{5.1}$$

$$A=(b+mh)h \tag{5.2}$$

$$\chi=b+2h\sqrt{1^2+m^2} \tag{5.3}$$

$$R=A/\chi=\frac{(b+mh)h}{b+2h\sqrt{1^2+m^2}} \tag{5.4}$$

用湿周率 χ 代替湿周 χ，湿周率即为相应水深 h 时的湿周与最大湿周比率，计算公式为

$$\chi=\frac{\chi}{\chi_0}=\frac{b+2h\sqrt{1^2+m^2}}{b+2H\sqrt{1^2+m^2}} \tag{5.5}$$

假设河渠水流为均匀流，则根据谢才公式和曼宁公式，河道断面的流速 v，流量 Q 可按式（5.6）和式（5.7）计算：

$$v=C\sqrt{Ri} \tag{5.6}$$

$$Q=K\sqrt{i} \tag{5.7}$$

其中

$$C=\frac{1}{n}R^{1/3} \tag{5.8}$$

$$K=\frac{1}{n}AR^{2/3} \tag{5.9}$$

式中：i 为河流底坡坡度；C 为谢才系数；K 为流量模数；n 为曼宁系数，即糙率。

平均水深（h）是栖息地条件的主要物理参数，只有具有一定的水深，水生生物才能在河道中自由活动。城市河流水系中的水生动物，主要以鱼虾类为主，一般身高不会超过 0.10m。为了让水生生物能够自由活动，适宜的水深应该是鱼类平均身高加上安全超高，若以 0.05m 作为安全超高，则栖息地条件的水深应该在 0.15m 左右。对于较大的支流及干流，可能有较大的水生生物存在，即需要更大的水深，参照 R2-Cross 法栖息地条件参考标准建议水深不超过 0.30m。因此，除特殊情况外，一般城市河流水深的参考标准约为 0.15～0.30m，对于干流，取大值 0.20～0.30m；对于支流，取小值 0.15～0.20m。

河道生态蓄水量从基本生态需水量和河道目标生态需水量两个角度考虑，分别计算出河道生态需水量。其中，河道内基本生态环境需水量是指维持河流给定的生态环境保护目标所对应的生态环境功能不丧失，需要保留在河道内的最小水量，例如干流对应的平均水深在 0.15～0.20m。河道内目标生态环境需水量是指，维持河流给定的生态环境保护目标所对应的生态环境功能正常发挥需要保留在河道内的水量，例如干流对应的平均水深在 0.20～0.30m。代表断面河道内生态需水量成果列表见表 5.5。

表 5.5 代表断面河道内生态需水量成果

河流名称	代表断面	河道内基本生态环境需水		河道内目标生态环境需水	
		平均水深 /m	生态需水流量 /（m³/s）	平均水深 /m	生态需水流量 /（m³/s）

5.3 水资源方案分析

根据水资源工程建设原则，结合河道内生态用水需求，供水水源相对位置和供水工程供水能力及中水规划利用情况，为便于集中供水，减少水源工程的数量，分别进行供水水源方案分析。河道内生态用水方案列表见表 5.6。

表 5.6 河道内生态用水方案

河流断面	基本生态需水流量 /（m³/s）	目标生态需水流量 /（m³/s）	水资源方案

其中，水资源方案包括新建补水泵站、新建补水管网、水库净水调蓄、新建雨洪调蓄湖、污水处理厂中水就近补给等。

以南方某城市河网为例，其水资源调配方案按照基本生态蓄水量和目标生态蓄水量的差值，结合各行业用水量，包括污水处理厂的净化水和中水，确定水资源调配方案，见表 5.7。

表 5.7 河道生态用水方案样表

河流断面	基本生态需水流量 /（m³/s）	目标生态需水流量 /（m³/s）	水资源方案
大凼水	0.16	0.27	大凼水本地可利用流量约为 0.06m³/s，其余由公明污水厂中水通过已有引水渠道入大凼水库净水调蓄，达标后供给
东坑水	0.38	0.57	东坑水本地可利用流量约为 0.18m³/s，木墩河可利用流量约为 0.12m³/s，楼村水可利用流量约为 0.14m³/s，其余由光明污水厂中水通过新建泵站和管道提水至碧眼水库净水调蓄，达标后供给
木墩河	0.29	0.42	
楼村水	0.30	0.44	

续表

河流断面	基本生态需水流量 /（m³/s）	目标生态需水流量 /（m³/s）	水资源方案
白沙坑水	0.10	0.15	白沙坑水本地可利用流量约为 0.05m³/s，其余由燕川污水厂中水提水至罗田水调蓄湖净化，调蓄后补给
上下村排洪渠	0.12	0.20	上下村排洪渠本地可利用流量约为 0.07m³/s，其余由光明污水厂中水通过新建泵站和管道提水至楼村水库净化调蓄供给

5.4 水资源供需平衡分析

综合分析现状水资源工程情况，按照用水区域划分，充分利用当地地表水、优水优用的原则提出了水资源推荐方案。河道流经城市建成区，污染负荷大，旱季 100% 截污情况下，再向河道内生态补水；此外，河道内生态补水是满足河道常年有水，维持河道的生态环境功能，雨季为减轻河道行洪压力，不从污水处理厂提水向河道内生态补水。水资源供需平衡分析列表见表 5.8。

表 5.8 水资源供需平衡分析

河流断面	基本生态需水流量 /（万 m³/d）	供水流量 /（万 m³/d）						缺水流量 /（万 m³/d）
		当地水	中水				合计	
			A 区	B 区	C 区	D 区		

河道上游无水库等其他调蓄工程时，当河道内天然来水流量大于生态环境需水流量时，河道内生态环境需水量得到满足，多余水量作为弃水补充至其他河道。当河道内天然来水流量小于生态环境需水流量时，河道内生态环境需水量只能部分满足，其余的需水量需通过提水泵站、供水管网或其他补水方案进行补水。

河道上游有具有调蓄功能的水库时，当区间天然来水大于生态环境需水量时，河道内生态环境需水量得到满足，多余水量作为弃水进入下游河道。当区间天然来水量小于生态环境需水量时，河道内生态环境需水量只能部分满足，首先通过上游水库向下游泄水补给满足河道内生态需水，在水库泄水仍不能满足河道生态蓄水量的情况下，不足部分需通过提水泵站、供水管网或其他补水方案进行补水。

河流尾闾的感潮河段，河流水动力不足，水环境容量较差，结合水环境提升需求，利用新建的提水泵站和输水管道，旱季在关闭各河口水闸的前提下，将其他补水水源提升至河口，槽蓄在河槽内，进行原位水质提升，落潮时段开启水闸冲刷河道。

【例 5.1】 分析石岩河、罗田水和白沙坑水、大凼水等河道的水资源供需平衡。

【解答】 基于 2020 年规划,对各河道水资源进行供需平衡分析。

(1) 石岩河。石岩河河道内基本生态环境需水流量为 4.05 万 m³/d(0.47m³/s)。由于石岩河截污口以上无水库等调蓄工程,当河道内天然来水量大于生态环境需水量时,河道内生态环境需水量得到满足,多余水量作为弃水通过石岩水库截污工程进入茅洲河干流;当河道内天然来水量小于生态环境需水量时,河道内生态环境需水量只能部分满足,其余拟建的泵站提水至沙芋沥入石岩河口处补水。经分析计算,石岩河可利用当地地表水资源流量约为 2.2 万 m³/d,新建泵站提水规模为 2.0 万 m³/d,石岩河河道内生态环境用水流量合计为 4.2 万 m³/d,大于生态环境需水流量(4.05 万 m³/d)。即生态环境需水量得到满足。

(2) 罗田水和白沙坑水。罗田水河道内目标生态环境需水流量为 3.6 万 m³/d,白沙坑水河道内目标生态环境需水流量为 1.3 万 m³/d。罗田水上游已建有罗田水库,作为城市供水水库,已划定饮用水水源保护区,不作为河道内生态补水供水水源。在罗田水库下游,新建松山及罗田雨洪利用调蓄湖,储蓄雨水,旱季为中下游河道进行补水,调蓄湖占地总规模为 8.18 万 m²,调蓄库容为 33.87 万 m³。不足部分由燕川污水处理厂中水通过新建泵站和管道提水至松山、罗田调蓄湖供给。经分析计算,罗田水可利用当地地表水资源流量约为 1.1 万 m³/d,燕川污水处理厂中水供给流量为 4.0 万 m³/d,罗田水河道内生态环境用水流量合计为 5.1 万 m³/d,大于生态环境需水流量 3.6 万 m³/d;白沙坑水可利用当地地表水资源流量约为 0.4 万 m³/d,燕川污水处理厂中水供给流量为 2.0 万 m³/d,白沙坑水河道内生态环境用水流量合计为 2.4 万 m³/d,大于生态环境需水流量(1.3 万 m³/d)。即罗田水、白沙坑水河道内生态环境需水量得到满足。

(3) 大凼水。大凼水河道内目标生态环境需水流量为 2.32 万 m³/d。大凼水库位于大凼水上游,调节库容为 96 万 m³,多年平均年入库径流量约 196 万 m³。大凼水库至入茅洲河河口区间年径流量约为 188 万 m³,当区间天然来水量大于生态环境需水量时,河道内生态环境需水量得到满足,多余水量作为弃水进入茅洲河干流;当区间天然来水量小于生态环境需水量时,首先通过大凼水库向下游泄水补给满足河道内生态需水,在大凼水库泄水仍不能满足河道内生态需水情况下,不足部分由公明污水厂中水通过已有茅洲河引水渠道自流进入大凼水库调蓄供给。此外,公明污水厂出水水质为一级 A 标准,中水进入大凼水库后经过净化处理,向河道内补水,水量得以保证,水质得以提升。经分析计算,大凼水可利用当地地表水资源流量约为 0.5 万 m³/d,公明污水处理厂中水供给流量为 3.0 万 m³/d,大凼水河道内生态环境用水流量合计为 3.5 万 m³/d,大于生态环境需水流量(2.32 万 m³/d)。即生态环境需水量得到满足。

5.5 生态补水工程

5.5.1 生态补水管线

补水管线的布置原则应注意：管线布置要符合城市总体规划和供水规划，近期开发和远期规划相结合，尽量沿现有河道（或道路）一侧布置管线，便于城市的发展，管线及附属设施布置应满足工程施工、管理和运行维护要求。管线布置避免穿越较大的居民点、重点埋地管线、人防军事设施等，应少毁植被、减少水土流失。输水管线布置时，尽量平直，减少急转弯，以减少水力损失，控制工程规模，降低工程造价。

5.5.2 生态补水管线规划

遵循补水管线布置原则，结合河道沿线的实际情况，拟定生态补水管线的走向、位置、材料、管径等。生态补水管线的工程特性指标列表见表 5.9。

表 5.9 生态补水工程特性指标

河道	管道长度 /km	流量 /（万 m³/d）	管径 /mm	泵站

5.5.3 水质原位修复措施

污水处理厂出水一般达到一级 A 标准，尚无法满足《地表水环境质量标准》（GB 3838—2002）景观用水水质要求。可采用原位修复技术对污水处理厂出水的中水进行处理后再排入河道。

常用的采用原位修复技术有：SMI 微生物滤床系统、清水型生态系统和太阳能增氧工程。首先，污水处理厂出水进入 SMI 微生物滤床系统，与微生物填料及微生物菌群充分接触发生生化反应，水质从一级 A 标准提升至准Ⅳ类；其次，净化的水进入清水型生态系统，经过沉水植物、浮叶植物、挺水植物等再次净化，水质基本达到Ⅳ类标准；最后，为避免储存在湖区和水库的水量富营养化，实施太阳能增氧工程。

5.5.4 取水方案

随着城市河流水资源开发的不断深入，蓄水工程开发将接近极限，扩展空间十分有限。河流水资源补水水源除对污水处理厂进行中水回用之外，还应考虑补给一定的新鲜水源。应综合分析城市水系，选取合理的取水点位与取水路线。整个取水工程由取水头部、取水泵站及取水管线组成。取水头部应设预处理厂，采用絮凝、沉淀、过滤工艺对水源进行预处理，再由泵站和管道引至特定的河道，增加感潮段水环境容量。

第6章 水环境及水生态工程

6.1 污染负荷预测

6.1.1 工业污染源

参考中国环境统计数据库及污染源信息数据库（简称"环统污普数据库"），统计工业源污染物排放量。如果环统污普数据库与实际工业企业数量存在较大的差距，可根据环统污普数据库估算出各区/镇工业污染物的平均排放浓度，结合各区/镇的工业用水量数据，即可估算出各区/镇的工业源污染物负荷。污染物入河系数则综合考虑污染源的排放情况、管网建设情况、污水处理情况等酌情取值。

以深圳市鹅颈水为例，工业企业数量远大于现已纳入环统污普数据库的企业数量，直接根据环统污普数据库统计会大大低估流域实际的工业源污染物排放量。根据各区/镇工业污染物的平均排放浓度结合工业用水数量估算工业源污染物负荷，由于环统污普数据库缺少总磷的统计数据，总磷排放浓度参考《深圳市龙岗河、坪山河流域水环境综合整治达标方案》，取 1mg/L。根据流域工业废水的排放情况，工业污染源入河系数取为 1。

6.1.2 生活污染源

生活污染源是指人类生活、消费活动所产生的污染，其负荷量与区域的人口数量成正比。因此，生活污染源的估算通常采用人均产污系数法。根据《生活源产排污系数及使用说明（修订版 2011）》（环境保护部华南环境科学研究所）和当地水污染资料，计算人均综合生活排水量和产污系数。污染物入河系数则综合考虑污染源的排放情况、管网建设情况、污水处理情况等酌情取值。

以东莞为例，根据《生活源产排污系数及使用说明（修订版 2011）》和《珠江三角洲水污染负荷估算报告》等资料，估算人均综合生活排水量和产污系数，见表 6.1。

表 6.1 人均综合生活排水量和产污系数

城市	人均综合生活排水量 / [L/（人·d）]	人均产污系数 / [g/（人·d）]		
		COD	氨氮	总磷
深圳	205	80	8	1.33
东莞	201	80	8	1.33

由于污水管网特别是支管网建设较为滞后，污水管网收集率仍不高，部分生活污水经市政管道收集后进污水处理厂处理，但仍有大量居民生活污水都采用直排方式。采用人均产污系数法计算得到生活污染物产生量后，扣除污水处理厂削减部分，即得到生活污染物排放量，根据流域生活污水的排放情况，生活污染源的入河系数取为1。

6.1.3 畜禽养殖业污染源

畜禽养殖业污染物产生量采用产污系数法进行估算。参照《生猪养殖业主要污染源产排污量核算体系研究》，确定生猪的产污系数。其他畜禽养殖种类数量根据《畜禽养殖业污染物排放标准》（GB 18596—2001）折算为猪当量，折算关系遵循 GB 18596—2001 要求。不同种类养殖污染源折算关系见表 6.2 和表 6.3。

表 6.2 生猪产污系数　　　　　　　单位：kg/ 头

指标	COD	氨氮	总磷
产污系数	37.13	1.82	0.56

表 6.3 不同畜禽养殖种类的猪当量折算系数

种类	肉鸡	蛋鸡	鸽子	奶牛	牛肉	羊
猪当量折算系数	1/60	1/30	1/60	10	5	3

畜禽养殖业产生的污染物部分可由农业或水产养殖业回收利用，少部分作为能源回收和生化处理，不完全进入水体。按以往的项目实地调研结果看来，畜禽养殖污染物通常未经污染处置设施完全处理，部分粪便收集用作肥料，废水就近排入池塘、河流等环境水体。经研究，经过各种途径滞留后进入环境水体的畜禽养殖业污染物为 40%～45%，由此计算畜禽养殖排放进入环境的污染物量。

6.1.4 径流面源污染源

农田径流面源估算采用《全国水环境容量核定技术指南》（中国环境规划院，2003年）推荐的标准农田法。标准农田指的是平原、种植作物为小麦、土壤类型为壤土、化肥施用量为 25～35kg/（亩·a），降水量在 400～800mm 范围内的农田。标准农田源强系数由当地资料得出，其他农田源强系数由标准农田源强系数乘修正系数得出。非标准农田源强修正系数参考见表 6.4。

表 6.4 非标准农田源强修正系数

主要因素	修正类别	修正系数
坡度	< 25°	1.0
	> 25°	1.2 ~ 1.5
农作物类型	旱地	1.0
	水田	1.5
	其他	0.7
土壤类型	砂土	0.8 ~ 1.0
	壤土	1.0
	黏土	0.6 ~ 0.8
化肥施用量	< 25kg	0.8 ~ 1.0
	25 ~ 35kg	1.0 ~ 1.2
	> 35kg	1.2 ~ 1.5
多年平均年降雨量	< 400mm	0.6 ~ 1.0
	400 ~ 800mm	1.0 ~ 0.2
	> 800mm	1.2 ~ 1.5

影响城镇地表污染物质量的因素主要是土地利用情况、人口密度、街道地面类型、清扫效率和交通流量等。地表污染物经降水冲刷后流入水体，进入水体的主要污染物通量是大量的有机物、重金属、农药、细菌和灰尘。对于城市用地，单位面积年地表径流污染物负荷计算的经验公式见式（6.1）~式（6.3）。

$$L_i = a_i F_i r_i P \tag{6.1}$$

其中
$$F_i = 0.142 + 0.111 D^{0.54} \tag{6.2}$$

$$r_i = \begin{cases} N_s/20 & (Ns \leq 20h) \\ 1 & (Ns > 20h) \end{cases} \tag{6.3}$$

式中：L_i 为污染物流失量，kg/（km^2·a）；a_i 为污染物浓度，kg/（cm·km^2）；F_i 为人口密度参数；D 为人口密度，人 /hm^2；r_i 为扫街频率参数；N_s 为扫街时间间隔，h；P 为年降雨量，mm。

城市径流面源估算参数见表 6.5。

表 6.5 城市径流面源估算参数

a_i / [kg/（cm·km^2）]	COD	氨氮	总磷
D /（人 /hm^2）	光明新区	宝安区	长安镇
r_i			
P/mm			

在降雨条件下产生的污染物在随着坡面流向收纳水体输移的过程中，会出现土壤和植物的截留、向地下水的渗透等各种物理和生化反应，因此污染物入河量的计算需在产生量的基础上再乘以入河系数。由于面源污染具有广泛性、随机性和难以定点监测的特点，目前我国缺乏连续的面源水质水量同步监测资料，其研究还处在起步阶段。程红光等（2006）以黑河流域为研究区，研究得出当土地利用类型一定，年降雨量小于400mm时，地表径流很少，污染物很难入河；年降雨量大于140mm后，面源污染物的入河量基本稳定。

6.1.5 估算结果

污染物入河量估算结果以列表形式汇总，见表 6.6～表 6.8。

表 6.6 各区（镇）工业源工业废水排放量和污染物入河量估算结果

地市	区（镇）	工业废水排放量 /（万 t/a）				污染物入河量 /（万 t/a）											
						COD				氨氮				总磷			
		工业污染源	生活污染源	畜禽养殖污染源	面源污染源	工业污染源	生活污染源	畜禽养殖污染源	面源污染源	工业污染源	生活污染源	畜禽养殖污染源	面源污染源	工业污染源	生活污染源	畜禽养殖污染源	面源污染源
合计																	

表 6.7 各区（镇）工业源污染物入河量估算结果统计

地市	区（镇）	COD		氨氮		总磷	
		入河量 /（t/a）	所占比例 /%	入河量 /（t/a）	所占比例 /%	入河量 /（t/a）	所占比例 /%
合计							

表 6.8 各区（镇）工业源污染物入河量估算结果分析

污染源类型	COD		氨氮		总磷	
	入河量 /（t/a）	所占比例 /%	入河量 /（t/a）	所占比例 /%	入河量 /（t/a）	所占比例 /%
工业						
生活						

续表

污染源类型	COD		氨氮		总磷	
	入河量/（t/a）	所占比例/%	入河量/（t/a）	所占比例/%	入河量/（t/a）	所占比例/%
畜禽						
面源						
合计						

6.2 污水收集工程

经调研分析，提高污水收集率、提高进厂污水浓度、发挥污水处理效益、根治河流污染问题等，最根本的解决方法是实现片区排水管网的雨污分流。因此，必须全面启动流域内污水管网系统的完善工作，通过污水管网完善建设，逐步实现片区雨污分流，从根本上改善区域水环境。但污水管网量大面广，彻底改善提升非一时一力之功。为了改善河道水质，在近期合流制情况下，污水管网建设应将河道截污工程纳入规划体系，并结合河道综合整治工作的开展，进行沿河截污管的完善，以期在较短的时间内截流入河漏排污水，改善河道水体水质，远期分流制实现后，可将该沿河截污管作为各流域初（小）雨水面源污染截流输水通道。

在以上工程措施基础上，还应加强污水管网建设监督，确保管网建设质量，同时提高日常维护管理水平，保证建成即能发挥效益。

污水收集工程以河流水系为单元，分流域、分批次推进污水支管网建设。对于感潮区域的污水管网，建议选用防止海水腐蚀的轻质塑料管材并做好污水管道在软基地区的基础施工，避免管道沉降造成的管网失效，同时应避免与外江潮水连通，保障污水管网的封闭性。对于感潮河流，应结合河道整治工程，为现有截污干管创造低水位截流条件，防止潮水倒灌。

6.3 污水集中处理工程

针对污水处理厂处理能力不足，新建扩建污水处理厂。建设过程中需重视以下问题。

1. 进水冲击问题

雨污管网混流制条件下，污水处理厂进水存在水量波动大、水质浓度低的问题，直接影响后续生化系统的功效。因此，在片区未完全实现雨污分流、沿河截流系统继续发挥作用的情况下，为避免后续扩建污水厂出现类似问题，需在扩建污水厂工艺流程中增设相应的雨污混流水调蓄池，对进厂混流水进行调量均质。

2. 臭气防护问题

污水厂的预处理设施、生化池、储泥池及污泥处理车间在运行过程中会产生相应的恶臭污染物，主要为氨气及硫化氢。对于扩散条件较好或远离居住区的污水厂，该恶臭污染物对周边居住区影响很小；但对于紧靠居民区或周边楼群较高、大气扩散条件较差的污水厂，其恶臭对周边特别是下风向的居民影响较大，易引起居民的环境投诉。因此，污水厂扩建设计时需充分考虑厂内的臭气外溢问题，尽可能采取下沉形式，并在上部加盖，既充分利用地下空间、节约土地资源，又可解决臭气防护问题，还可结合公园建设，在顶部建设社区生态公园。

3. 污泥源头减量问题

现状污水厂常面临着污泥处置能力不足的问题，最终产泥无法外运消纳，究其原因，不仅在于本地污泥处置设施建设推进受阻，还在于出厂污泥含水率过高，导致泥量居高不下。因此，污水厂扩建设计时应充分考虑出厂污泥的源头减量处理设施，减少后续处置设施的处理压力。

4. 出水提标问题

现状污水处理厂有许多尚未达到一级 A 的出水标准，无法满足河流补水水质需求。因此，应考虑污水厂的改扩建，使其出水水质提升至一级 A 标准；远期，应对污水厂进行工艺改造，使其出水水质满足河流补水 V 类水标准。

6.4　污水分散处理工程

分散处理的目的主要在于降低混流水对污水厂的冲击，减少污水厂补水提升规模，并实现就地给下游明渠补水。分散处理设施主要布置在尚无法实现雨污分流流域的总口截流措施处，且需要具备建设用地条件。

6.4.1　应急处理措施

结合流域范围内雨污分流管网系统的改造，逐步分离雨水、污水，将污水纳入污水处理厂。对于初（小）雨收集系统截流下来的混流水［初（小）雨水和污水］，应根据污水处理厂处理能力情况分别对待。针对现状河流漏排的污水情况，对流域内支流入干流处、总口截流处或暗渠接明渠处设置应急处理设施。分散处理工艺选择高效的"一级强化"处理工艺，主要包括高密度沉淀池、磁混凝技术、FBR 处理工艺、砾间处理工艺等。

工艺流程为：上游沿河直排的污水经总口截流设施收集后，先经格栅截留去除污水中的大的杂物。经过格栅后，污水流入污水提升泵站集水池内，通过污水提升泵站将污水提升至"一级强化"处理站处理，在"一级强化"处理站内经过物化反应后，主要污染物大部分被去除，处理后的出水再补充至总口截流设施的下游河道内，达到改善下游河段水质黑臭的目的。分散式处理工艺流程见图 6.1。

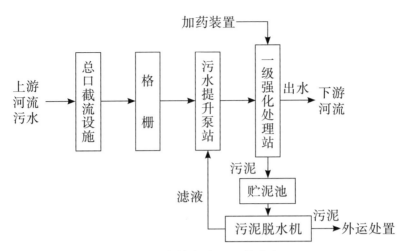

图 6.1 分散式处理工艺流程

6.4.2 源头分散处理设施

考虑到污水收集管网的覆盖率,需要设置一些污水分散处理设施,就地处理城市污水,就近排放至附近水体,同时结合生态工程和景观工程,打造城市公园景观。规划小型分散处理设施能力暂时按照旱季污水量的 10% 考虑,处理出水标准为一级 A 标准。

1.设置点原则

源头分散处理设施原则上布置于下列区域:

(1)服务范围边缘区域,污水收集管网较难收集区域。

(2)河道源头,就近建设分散污水处理设施,河道补水。

(3)社区居民聚集区,改善水体水质,提升景观效果。

2.工艺选择的原则

根据进站污水水质与水量、受纳水体的环境容量选择污水处理工艺。优先采用技术先进、经济合理、稳妥可靠的工艺技术,既确保污水达标排放,又尽量降低建设投资和运行成本。选择的处理工艺应确保出水水质满足国家和地方现行的有关规定,符合环境影响评价报告的要求。总平面布置力求合理紧凑,减少占地。污水处理设施力求先进可靠、经济实用、操作管理方便。

3.污水处理工艺

用于城市生活污水处理常规工艺一般为一级预处理+二级生化处理+三级深度处理。

一级处理一般为格栅+沉砂工艺。

二级生化处理分活性污泥法和生物膜法。活性污泥法一般包含 SBR、A/O、A2/O、氧化沟等工艺。生物膜法一般包含生物滤池、生物转盘、生物接触氧化池等工艺。

三级深度处理一般为物化分离+过滤+消毒;近年来也出现一些新的工艺,比如 MBR 工艺、MBBR、磁分离技术、电催化技术等。推荐采用以下几种工艺组合:

（1）一级预处理+A/O+MBR 工艺。一级处理工艺主要包括格栅分离和沉砂池，以及水量调节和一级提升功能，主要功能是去除污水中的大颗粒 SS，水量调节。A/O 工艺将前段缺氧段和后段好氧段串联在一起，A 段溶解氧 DO ≤ 0.2mg/L，O 段 DO = 2～4mg/L。在缺氧段异养菌将污水中的淀粉、纤维、碳水化合物等悬浮污染物和可溶性有机物水解为有机酸，使大分子有机物分解为小分子有机物，不溶性的有机物转化成可溶性有机物，当这些经缺氧水解的产物进入好氧池进行好氧处理时，可提高污水的可生化性及氧的效率；在缺氧段，异养菌将蛋白质、脂肪等污染物进行氨化（有机链上的 N 或氨基酸中的氨基）游离出氨（NH_3、NH_4^+），在充足供氧条件下，自养菌的硝化作用将 NH_3-N（NH_4^+）氧化为 NO_3^-，通过回流控制返回至 A 池；在缺氧条件下，异氧菌的反硝化作用将 NO_3^- 还原为分子态氮（N_2），完成 C、N、O 在生态中的循环，实现无害化处理。

MBR 又称膜生物反应器（MembraneBio-Reactor），是一种由活性污泥法与膜分离技术相结合的新型水处理技术。MBR 工艺分为浸没式膜生物反应器和外置式膜生物反应器两种。外置式 MBR 膜通量较高，膜组件易于清洗维护，但能耗较高；浸没式 MBR 的能耗低，但清洗维护困难。应根据污水的性质、浓度、水量选择 MBR 的型式。对于不易产生膜污堵的污水或水量小的污水，宜采用浸没式膜生物反应器。由于 MBR 是一种将膜分离技术与传统污水生物处理工艺有机结合的新型高效污水处理与回用工艺。这种集成式组合新工艺把生物反应器的生物降解作用和膜的高效分离技术融于一体，具有出水水质好且稳定、处理负荷高、装置占地面积小、产泥量小、运行管理方便、灵活等优点，故可选用 MBR 法进行污水的处理。适用于小规模的污水处理设施。

（2）一级预处理+生物接触氧化+过滤工艺。一级处理主要包括格栅分离和沉砂池，以及水量调节和一级提升功能，主要功能是去除污水中的大颗粒 SS，水量调节。生物接触氧化法是从生物膜法派生出来的一种废水生物处理法，即在生物接触氧化池内装填一定数量的填料，利用栖附在填料上的生物膜和充分供应的氧气，通过生物氧化作用，将废水中的有机物氧化分解，达到净化目的。过滤池主要去除 SS。

（3）一级预处理+曝气生物滤池。一级处理主要包括格栅分离和沉砂池，以及水量调节和一级提升功能，主要功能是去除污水中的大颗粒 SS，水量调节。曝气生物滤池（Biological Aerated Filter）简称 BAF，是 20 世纪 80 年代末在欧美发展起来的一种新型生物膜法污水处理工艺，于 90 年代初得到较大发展，最大规模达日均几十万吨。该工艺具有去除 SS、COD、BOD_5、硝化、脱氮、除磷、去除 AOX（有害物质）的作用。曝气生物滤池是集生物氧化和截留悬浮固体为一体的新工艺。曝气生物滤池与普通活性污泥法相比，具有有机负荷高、占地面积小（是普通活性污泥法的 1/3）、投资少（节约 30%）、不会产生污泥膨胀、氧传输效率高、出水水质好等优点，但它对进水 SS 要求较严（一般要求 SS ≤ 100mg/L，最好 SS ≤ 60mg/L），因此，对进水需要进行预处理。同时，它的反冲洗水量、水头损失都较大。

曝气生物滤池作为集生物氧化和截留悬浮固体于一体，节省了后续沉淀池（二沉池），具有容积负荷、水力负荷大，水力停留时间短，所需基建投资少，出水水质好，运行能耗低，运行费用少的特点。

（4）磁分离技术+电催化技术。超磁分离技术采用微磁絮凝技术，可以通过短时间的混凝反应，迅速地吸附打捞，去除污水中的大部分悬浮、总磷等物质，特别适合去除难沉降的细小悬浮物、总磷等轻质杂质，占地面积小，处理效率高。磁分离工艺与传统的絮凝沉降及磁沉淀工艺最主要的区别在于：采用磁分离技术不需要沉降时间。传统的絮凝沉降工艺是在加药絮凝后形成大絮团，靠重力沉降。磁沉淀工艺也是利用重力沉降，只是通过增加磁种，有限地加大了沉降速度。磁分离技术因采用超磁材料，其表面产生磁力是重力的 640 倍以上，能快速地捕捉到微磁性絮团，整个分离过程不到 1min，分离时间远远小于沉降分离时间。与传统处理方法及磁沉淀工艺相比，设备分离时间短，相应地，设备占地少。超磁分离技术主要去除污水中非溶解性污染物，包括 COD、BOD_5、SS、TP 等污染物。

电催化技术通过电催化产生的强氧化性羟基自由基，快速地接触氧化废水中溶解的有机物，去除有机物的效果十分优秀。电催化技术主要去除污水中溶解性污染物，包括 COD、BOD_5、NH_3-N 等污染物。

6.4.3 分散处理设施的适用范围

分散式废水处理系统可以应用到居民区、公共建筑区、商业区、社区等相对来说流量小的、一般从地理位置相对接近的或者不能纳入城市污水收集系统的区域等排放出的污水。尤其是在城市主城区外，一些地区经济技术基础较差、排水管网尚不完善、无污水厂等，污水处理设施相当缺乏，室内没有生活污水管道，生活污水的出路一般只有池塘、河流、湖泊等，造成对环境的污染。污水坑或化粪池这些初级的处理方法去除有机物的能力较差。居民家庭较为分散，建造类似城市污水厂这样的集中式污水处理设施显然是不经济的。因此可以在一个小村庄或者几个小村庄采用分散污水处理设施。

6.5 污水深度处理

1. 规划出水水质

现状污水处理厂出水水质大多是一级 A 标准，少量污水厂出水水质是一级 B 标准。一级 A 出水标准是目前国内污水处理厂的主流出水标准，已属于较高标准，化学需氧量、氮、磷指标出水标准均处于较高水平。但仍无法满足直接排入河道的要求。为满足河道水功能区划目标，污水厂出水标准需要进一步提高，可综合考虑国内外现行再生水利用、深度处理排水等标准，分别提出化学需氧量、氨氮和总磷的排放要求，将污水处理厂的出水指标提升至地表水Ⅳ类标准。

2. 规划深度处理工艺

城市污水回用深度处理基本单元技术有混凝沉淀（气浮）、化学除磷、过滤、消毒等。对回用水质要求更高时，可以采用的深度处理单元技术有活性炭吸附、臭氧-活性炭、生物炭、脱氮、离子交换、微滤、超滤、反渗透、臭氧氧化等。根据处理工艺性质的不同，分类见表 6.9。

表 6.9 再生水处理的单元技术

方法分类	单元处理技术
物理方法	筛滤截留、沉淀、气浮、离心分离等
化学方法	化学沉淀、中和、氧化还原、电解等
物理化学方法	离子交换、萃取、气提与吹脱、活性炭吸附处理等
膜分离方法	电渗析、微滤、超滤、反渗透等
生物法	活性污泥法、生物膜法、生物氧化塘、土地处理、厌氧生物处理等

采用单一的单元技术往往很难保证出水达到再生水的水质要求，常需要多种水处理单元技术进行合理组合，形成合理的工艺流程。再生水水厂应根据再生水需达到的水质标准，对不同的工艺流程进行经济技术比较后确定最佳的工艺流程。在选择再生水处理工艺单元和流程时，应考虑以下因素：①回用对象对再生水水质的要求；②单元工艺的可行性与整体流程的适应性；③工艺的安全可靠性；④工程投资与运行成本；⑤运行管理方便程度等。

按污水再生处理设施的核心处理单元的不同，可将再生水水厂处理工艺流程分为以下四类：

（1）以过滤—消毒为核心处理单元的工艺流程。

（2）以混凝—沉淀—过滤（—吸附）—消毒为核心处理单元的工艺流程。

（3）以臭氧—生物处理—絮凝—过滤—消毒为核心处理单元的工艺流程。

（4）以过滤——级或二级膜技术（微滤 MF、超滤 UF、反渗透 RO）—消毒为核心处理单元的工艺流程。

各深度处理工艺流程经济技术比较见表 6.10。

在污水处理厂出水水质标准的制约下，水厂推荐核心工艺及经济技术指标结果列表见表 6.11。

表 6.11 各水厂核心工艺推荐表

再生水厂	再生水回用对象	推荐核心工艺	用地指标 / [m²/（m³·d）]	固定投资 / （元/m³）	单元成本 / （元/m³）

表 6.10　各深度处理工艺经济技术比较

项目	传统工艺		生物技术	膜技术	
	过滤—消毒	混凝—沉淀—过滤	臭氧+生物处理	超滤、微滤	微滤+反渗透
出水水质	《城市污水再生利用景观环境用水水质》(GB/T 18921—2002) 观赏性景观环境用水河道类	除总氮、氨氮等指标外,基本能满足《城市污水再生利用城市杂用水水质》(GB/T 18920—2002)、《城市污水再生利用景观环境用水水质》(GB/T 18921—2002)	《城镇污水处理厂污染物排放标准》(GB 18918—2002)一级 A 标准	水质优于传统物理化学方法,满足《城市污水再生利用工业用水水质》(GB/T 19923—2005)、《城市污水再生利用城市杂用水水质》(GB/T 18920—2002)、《城市污水再生利用景观环境用水水质》(GB/T 18921—2002)	水质优于超滤、微滤、反渗透,接近饮用水水质,基本达到《地表水环境质量标准》(GB 3838—2002)的 II 类水体
一般回用对象	观赏性河道	河道、城市杂用水、电厂冷却水	河道、城市杂用水、电厂冷却水	城市杂用水、工业用水	城市杂用水、工业用水,可混合新鲜水做城市水源
单位投资/(元/m³)	150～300	300～1200	约 1000	1300～2600	
运行成本/(元/m³)	0.1～0.2	0.4～0.7	0.5	1～1.5	1.5～2.0
总成本/(元/m³)	0.15～0.3	0.5～0.8	—	1.5～2.0	2.5～3.0
占地/[m²/(m³·d)]	可与二次污水处理设施合建:高效滤池 0.1～0.15	>0.5	—	0.1～0.3	
优点	最为经济,常与污水处理设施合建	设备简单,易于操作维护,便于车间生产运行	—	能有效去除病毒,有机物,无机物,水质较优,实用范围广;膜工艺的多种组合流程甚至可将水处理至接近饮用水水平;占地少	
劣势	出水水质较低	处理水中的油类、藻类以及一些低密度杂质时效果欠佳;构筑物多、占地多;工作量大	—	固定投资高、运行费用高	

6.6 水质提升措施

6.6.1 底泥无害化处理

底泥处理的主要原则为：减量化、稳定化、无害化、资源化。淤泥的处理方法受到淤泥本身的基本物理和化学性质的影响，主要包括淤泥的初始含水率、黏粒含量、有机质含量、黏土矿物种类及污染物类型和污染程度。底泥处置方式主要有原位处理和异位处理两种技术。

1. 原位处理技术

原位处理是底泥不疏浚,而直接采用物理化学或生物的方法减少受污染底泥的容积,减少污染物的量或降低污染物的溶解度、毒性或迁徙性,并减少污染物的释放控制和修复技术。目前,原位处理技术主要有原位物理覆盖法、原位化学法和原位生物修复法。原位处理技术对比见表 6.12。

表 6.12 原位处理技术对比

处理方式	原位化学法	原位物理覆盖法	原位生物修复法
材料	硝酸钙、氯化铁和石灰等	粗砂、炉灰渣、粉尘灰等	微生物菌群
适用底泥	有机物污染	有机物、重金属污染	有机物污染
生态风险	加药量大，污染水质	侵占河道断面、降低防洪排涝能力	引入优势菌群，存在一定的环境风险
处理效果	见效快	见效快	见效慢
经济性	加药量大，成本较高	成本较低	成本高
后期维护	需多次加药	无	需频繁投药维护菌群稳定
局限性	只能小范围使用	不适用于径流大的水域	不适用于径流大的水域

运用原位处理技术存在以下不利因素：

（1）原位化学法虽然见效快，但当水体中投加的化学试剂达到一定浓度后，水质会受到影响，沉积物中的污染物也将依然存在于河流的底泥中，得不到有效的去除，甚至在一定条件下还会重新释放出来，对水体环境造成二次污染。

（2）原位物理覆盖法简单，见效快，但覆盖遮蔽并没有建设污染底泥层，反而会加速底泥层的厌氧反应和反硝化作用，造成覆盖层逐步侵蚀，容易形成污染反弹。同时原位覆泥沙遮盖，一方面降低了河湖防洪能力；另一方面同样会破坏原生态系统，可能导致新的生态危机。

（3）原位生物修复法是传统生物处理方法的延伸，其新颖之处在于治理的对象是较大面积的污染。现阶段微生物修复技术主要有直接投加法、吸附投菌法、固定化投菌法、根系附着法、底泥培养返回法、注入法及生物活化剂法等。其不利之处在于：因降雨洪水频繁发生，水质变化较大，无法保证菌群的稳定存在，频繁投药既不经济，也不现实；微生物菌群只对少部分易降解的有机污染物有效，对重金属、硫化物、高分子微生物没有效果；为避免微生物厌氧发酵产生臭味，需向水体投放好氧微生物菌群，这就需要增加水体含氧量，但曝气只能增加水体充氧量，而污染底泥中的含氧量无法提高，无法避免底层易降解有机物的厌氧发酵产生臭气，不能根治底泥持续向水体释放污染物；微生物制剂引入优势菌群，存在一定的环境风险，目前使用仍然存在较大的争议。

生物活化剂较之普通菌群投放不同，其本身不含有任何活性菌体，不引入外源微生物，只通过激活水体及底泥中的土著微生物，提高种群密度及代谢活性，通过不同功能的微生物种群协作去除水体中的 COD、氮及总磷等有机污染物，避免了对原生态系统的潜在影响，但对重金属和硫化物的去除没有效果。

近来有一种新的治理工艺，即利用矿物质修复剂微细气孔发达、吸附能力强的特点，有害无机离子和重金属一旦被吸附就会被永久固定，平衡后被固化不会再溶出。该方法在去除污染物的同时还可增加水体透明度，但成本高，大范围使用不太现实。

2. 异位处理技术

异位处理即采用疏浚设备，将黑臭底泥疏浚至岸边，通过底泥预处理、脱水，使底泥"减量化、稳定化、无害化、资源化"。目前技术成熟，是底泥处理主流的方法。异位处理技术主要包括搅拌固化法、机械脱水固化法、物理脱水固结法等。

3. 底泥的利用

以往对底泥的处置主要有填埋堆放，不仅会占用大量的土地资源，雨水会将填埋对方的淤泥冲进地表径流中，污染周边区域。随着城市的发展和生态文明建设的要求，填埋堆放的方式不适用。因此底泥的资源化利用成为底泥处置的发展趋势。

对于营养充足，污染符合条件的底泥，可优先考虑土地利用，用于有机肥、育苗基质、草坪营养土等。污染严重的会对农作物及食物链产生危害的底泥，可用作园林绿化建设和严重扰动土地的修复利用。

底泥用作园林绿化时，泥质应满足《城镇污水处理厂污泥处置 园林绿化用泥质》（GB/T 23486—2009）的规定和有关标准要求。淤泥必须首先进行稳定化和无害化处理，并根据不同地域的土质和植物习性，确定合理的施用范围、施用量、施用方法和施用时间。可将处理后的淤泥用作栽培介质土、土壤改良材料等。

对干化底泥进行再次干燥、脱水、固化稳定处理和热处理，使其适合于工程需求，可进行回填施工，作为填筑材料使用。从工程应用角度出发，以化学固化处理为主，同时辅以物理固化，是目前最为快捷、适用范围最广、造价最理想的方法。与一般涂料相比，淤泥固化土不产生固结沉降，强度高、透水性小，除可以免去碾压等地基处理外，有时还可达到普通砂土所达不到的工程效果。

6.6.2 初期雨水池

1. 地表径流的污染与控制

地表径流有相当程度的污染，尤其是初期雨水，特殊情况下会超过城市生活污水的浓度，其他一些污染指标也可达到较高的污染浓度。污染物质主要有大气污染物沉降、汽车泄漏和尾气排放、轮胎磨损、下垫面材料的污染、动植物废物（落叶、动物排泄物等）、杀虫剂及融雪剂残留、城市垃圾和土壤侵蚀。

径流污染主要来自水体周围绿地和硬化设施的地表径流。对于硬化设施的地表径流污染治理，要通过两种途径进行：首先是减缓暴雨径流速率，控制径流量以及所携带的污染物量；其次是滞留污染物，通过工程措施过滤、吸收污染物。具体可采用铺设多孔路面、在道路和湖体之间设置植被缓冲带、将路面径流收集经过湿地处理后进入湖体等方法，严格防止路面的径流直接进入湖体，特别是降雨初期产生的径流。

对于绿地的地表径流污染治理，主要包括两方面：一是通过构建梯形地势、进行等高线种植及逐级修建堤防等方式减缓径流的流速，减少水土流失，从而控制污染；二是通过工程措施将绿地径流引入湿地系统，从而对径流中的污染物进行过滤和吸收。

2. 初期雨水池设置的必要性

一般降雨初期 $6 \sim 8$ mm 降雨量携带了 $60\% \sim 80\%$ 的污染物，按照雨水系统的设计，雨水通过管道收集后就近排入河道。

为了有效地控制污染物进入景观水体，设置初期雨水收集池将初期雨水收集起来，在雨水入河前截留初期雨水或者污染物浓度较高的初期溢流污水。待降雨结束后，再将贮存的雨污水通过污水管道输送至污水处理厂，达到控制面源污染、保护水体水质的目的。当下游污水系统在旱季时就已达到满负荷运行，或下游污水系统的容量不能满足收集池放空速度的要求时，应将雨水收集池出水处理后排放。针对雨水系统修建初期雨水收集池，不仅能够控制径流污染，而且能够削减排水管道峰值流量，防止地面积水，提高雨水利用程度。

3. 初期雨水污染的控制

对初期雨水污染的控制，应以综合整治为主。首先，应降低雨水的地面径流污染，改善地区综合环境质量，加强地面道路的清扫，禁止垃圾进入雨水管道；其次，设置防止雨水进水口垃圾进入的装置和加深雨水进水口的沉沙深度；第三，加强管道的清通和养护，防止初期雨水时管道沉积的泥沙冲入水体。

4. 初期雨水池的设置原则

初期雨水池有选择性地设置在雨水系统的一些主要排放口。

雨水池设置时，应尽量做到将使雨水池里的雨水全部靠重力自排，或是能将大部分雨水自流排出，剩下少量的不能自排的雨水沉淀处理，经处理后的污水和污泥混合物含污染物浓度仍然较高，污水和污泥将其提升至污水管网，或运输至低洼处再作处理。

初期雨水池的设置，一方面，要考虑与雨水排放口和水体的距离，便于雨水的收集和排放；另一方面，从平面和竖向上综合考虑，尽量减少占地，并与道路绿化带、公园、绿地、人工湿地系统综合建设，不仅可就地处理初期雨水，还可营造城市良好的生态景观环境。

从对初期雨水的处置方式来看，可以分为两种：一种是对初期雨水不进行处理；另一种是对初期雨水处理后再排放。

第一种雨水池对收集来的初期雨水只作临时贮存，待污水干管内流量变小时，再将雨水池内的雨水全部转输至污水干管，比如雨水储蓄池和调蓄池，可以起到降低下游排水管网水力负荷的作用。初期雨水在雨水池内短暂沉淀作用后，污染物浓度就能有较大幅度的降低，所以有的雨水池的初期雨水是贮存后再排入雨水管渠，或直接排入水体。

第二种雨水池是要对收集来的初期雨水作处理，达到附近水体对污水排入的水质标准后直接排入水体，雨水池内剩余的含污染物浓度较高的污水和污泥通过污水干管输送至污水处理厂集中处理，或是运输到雨水池外再作集中处理或被利用。这种有污水处理作用的雨水池常用的池型有雨水澄清池和用于对合流制排水系统溢流水进行处理的溢流池。

5. 初期雨水池设计参数选择

由于关于初期雨水量，目前很难作较为准确的估计，涉及雨量、雨型、面源状况、地形、地貌、城市特征等。在我国，对初期雨水量还没有较为统一准确的计算方法，一般是综合设计经验，按下雨 10～15 min 的时间来计算初期雨水量，或根据汇水区域内某一降雨深度的降水量来考虑。可选用以下方法计算初期雨水池容积，按照《室外排水设计规范》（GB 50014—2021），初期雨水收集池的容积计算见式（6.4）：

$$V=10 \times P \times A \times \Psi \times \beta \qquad (6.4)$$

式中：V 为初期雨水收集池容积，m^3；P 为初期雨量，mm；A 为收水面积，hm^2；Ψ 为径流系数；β 为安全系数，可取 1.1～1.5。

初期雨水池设置要能满足截流处雨水管渠内雨水流入，故不宜太浅；雨水储蓄或处理后，要排入水体或接入污水干管，这要求雨水池底标高不能太低，否则会增加雨水提升设施的投资和日常运行的管理成本。初期雨水池参数计算见表 6.13。

表 6.13　初期雨水池参数计算表

编号	初期雨量 P/mm	收水面积 A/hm²	径流系数	安全系数	容积 /m³

6.6.3　强化耦合膜

1. 强化耦合膜生物反应器的机理

强化耦合膜生物反应器是一种有机地融合了气体分离膜技术和生物膜水处理技术的新型污水处理技术。微生物膜附着生长在透氧中空纤维膜表面，污水在透氧膜周围流动时，水体中的污染物在浓差驱动和微生物吸附等作用下进入生物膜内，经过生物代谢和增殖被微生物利用,使水体中的污染物同化为微生物菌体固定在生物膜上或分解成无机代谢产物,从而实现对水体的净化,是一种人工强化的生态水处理技术,能使水体形成一个循环的、具备自我修复功能的自净化水生态系统。该工艺净化过程特别适应于河道、湖泊等流域治理,具有常规水处理技术无法比及的技术优势、工程优势、成本优势和运行管理优势。

强化耦合生物膜反应器装置主要由曝气膜组件和微生物膜两部分组成。利用中空纤维曝气膜作为微生物膜附着载体并为生物膜微泡曝气,污水在附着生物膜的曝气膜周围流动时,水体中的污染物在浓差驱动和微生物吸附等作用下进入生物膜内,并经过生物代谢和增殖被微生物利用,使水体中的污染物同化为微生物菌体固定在生物膜上或分解成无机代谢产物,从而达到对水体的净化过程。强化耦合膜机理示意见图6.2,强化耦合膜应用于河道水体的效果见图6.3。

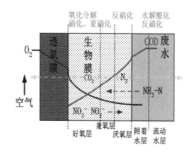

图 6.2 强化耦合膜机理

图 6.3 强化耦合膜应用于河道水体效果

2. 强化耦合膜生物反应器的应用特点

强化耦合膜生物反应器技术应用于河道水治理具有以下特点:

(1)直接将膜组件放置于河道内,无须土建池体施工,可以根据水质条件灵活调整。

(2)曝气效率高(氧气利用率50%以上,理论可达100%),单位体积曝气膜面积大,能耗低。

(3)同时具有厌氧和好氧作用,同时去除COD和氮;单一反应器内实现硝化和反硝化,效率高,占地少。

(4)微生物高度富集在膜表面,活性微生物不易流失,污泥产量少。

(5)膜寿命较长,无污染问题,无需反冲等操作。

(6)去除效率高,系统抗水质冲击负荷强。

（7）综合工程投资较少，动力能耗低，操作成本低。

（8）操作简单，自动化过程控制。

（9）安装简单，无需抽水，施工影响较小。

3. 强化耦合膜生物反应器的工艺特点

强化耦合膜工艺主要由膜耦合单元、供氧设施、管路系统及电控单元组成。膜组件的数量及布置方式是依据被处理水体中要去除的营养物的总量（由水体总量、营养物质含量、处理要求等决定）和单位膜面积或膜组件的处理能力所决定的。

强化耦合膜组件在室内实验室进行的水体污染物的降解模拟试验，其氨氮降解负荷参数、COD_{Cr} 降解负荷参数见表 6.14 和表 6.15。

表 6.14 膜组件氨氮降解负荷参数

原水氨氮浓度 / (mg/L)	氨氮降解负荷 / [g/ (m² · d)]
< 5	0.4 ～ 0.8
5 ～ 10	0.8 ～ 1.2
10 ～ 20	1.2 ～ 1.6
> 20	1.6 ～ 2.0

表 6.15 膜组件 COD 降解负荷参数

原水 COD_{Cr} / (mg/L)	氨氮降解负荷 / [g/ (m² · d)]
30 ～ 50	4 ～ 8
50 ～ 150	8 ～ 15
> 150	15 ～ 20

强化耦合膜组件布设数量，参照水体污染物降解模拟试验的降解负荷参数，结合入河污染物含量与降解时间要求，综合分析确定。膜组件数量估算列表见表 6.16。

表 6.16 膜组件数量估算

河流名称	布设点位	年平均流量 /(m³/d)	氨氮降解		COD 降解		膜组件数量 / 套
			氨氮浓度/(mg/L)	需膜组件 / 套	COD 浓度/(mg/L)	需膜组件 / 套	

6.6.4 人工湿地

面源污染，也称非点源污染，是指溶解的和固体的污染物从非特定地点，在降水或融雪的冲刷作用下，通过径流过程而汇入受纳水体（包括河流、湖泊、水库和海湾等）并引起有机污染、水体富营养化或有毒有害等其他形式的污染。三鸦寺湖周边主要为农业面源污染。

农业面源污染是指在农业生产活动中，农田中的泥沙、营养盐、农药及其他污染物，在降水或灌溉过程中，通过农田地表径流、壤中流、农田排水和地下渗漏，进入水体而形成的面源污染。这些污染物主要来源于农田施肥、农药、畜禽及水产养殖和农村居民。农业面源污染是最为重要且分布最为广泛的面源污染，农业生产活动中的氮素和磷素等营养物、农药以及其他有机或无机污染物，通过农田地表径流和农田渗漏形成地表和地下水环境污染。土壤中未被作物吸收或土壤固定的氮和磷通过人为或自然途径进入水体，也是引起水体污染的一个因素。

人工湿地污水处理技术是20世纪70年代末发展起来的一种污水处理新技术。它具有处理效果好、氮磷去除能力强、运转维护管理方便、工程基建和运转费用低以及对负荷变化适应能力强等特点，比较适合于技术管理水平不很高、规模较小的污水处理或河道水体污染治理。人工湿地对废水的处理综合了物理、化学和生物的三种作用。湿地系统成熟后，填料表面和植物根系将由于大量微生物的生长而形成生物膜。废水流经生物膜时，大量的SS被填料和植物根系阻挡截留，有机污染物则通过生物膜的吸收、同化及异化作用而被除去。湿地系统中因植物根系对氧的传递释放，使其周围的环境中依次出现好氧、缺氧、厌氧状态，保证了废水中的氮磷不仅能通过植物和微生物作为营养吸收，而且还可以通过硝化、反硝化作用将其除去，最后湿地系统更换填料或收割栽种植物将污染物最终除去。人工湿地按水流方式的不同，可以分为表流人工湿地、水平潜流人工湿地和垂直潜流人工湿地。

1. 表流人工湿地

表流人工湿地在内部构造、生态结构和外观上都十分类似于天然湿地，但经过科学的设计、运行管理和维护，去污效果优于天然湿地系统。表流人工湿地的水面位于湿地基质以上，其水深一般为 0.3 ~ 0.5m。污水从进口以一定深度缓慢流过湿地表面，部分污水蒸发或渗入湿地。湿地中接近水面的部分为好氧层，较深部分及底部通常为厌氧区，因此某些性质与兼性塘相似。在此类湿地中，污水以较慢速度从湿地表面流过，具有投资少、操作简单、运行费用低等优点，其缺点是占地面积较大，污染物负荷和水力负荷率较小，去污能力有限。由于其水面直接暴露在大气中，除了易孳生蚊蝇、产生臭气和传播病菌外，其处理效果受温差变化影响也较大。

2. 潜流人工湿地

潜流式人工湿地的特点是污水在湿地填料床内潜流。为了维持必需的潜流通过率，潜流人工湿地的基质一般不采用土壤材料，取而代之的是豆砾、砂砾或碎石等。为了保证潜流污水在床内的均匀流态，一般需要布置合理的床内布水与集水系统。与表流人工湿地相比，虽然潜流人工湿地具有工程建造费用较高等缺点，但其优点更明显。潜流人工湿地的优点在于充分利用了湿地空间，发挥了系统（植物、微生物和基质）间的协同作用，因此同表流人工湿地相比，在相同面积的情况下，其处理能力大幅度提高，同时，由于水流在地表下流动，保温性好，处理效果受气候影响小，且不易滋生蚊虫。

因此，潜流人工湿地是目前研究和应用最多的湿地处理系统，其包括水平潜流人工湿地和垂直流人工湿地。

（1）水平潜流人工湿地因污水从一端水平流过填料床而得名。它由一个或多个填料床组成，床体填充基质，床底设有防渗层，防止污染地下水。与表流人工湿地相比，水平潜流人工湿地的水力负荷和污染负荷大，对 BOD_5、COD、SS 和重金属等污染指标的去除效果好，且很少恶臭和孳生蚊蝇的现象。目前，水平潜流人工湿地已被丹麦、美国、荷兰、瑞典、挪威、澳大利亚、德国、英国和日本等国广泛的使用。

（2）垂直流人工湿地中，污水从湿地的表面纵向流向填料床的底部，床体处于不饱和状态，氧可通过大气扩散和植物传输进入人工湿地系统。垂直潜流人工湿地的处理能力高于水平潜流湿地，占地面积较小。

三种不同人工湿地污水处理系统比较见表 6.17。

表 6.17　三种人工湿地污水处理系统比较

特征	表面流湿地	水平潜流湿地	垂直流湿地
水体流动	表面漫流	基质下水平流动	表面向基质底部纵向流动
停留时间 /d	4～8	1～3	1～3
水力负荷 / [m³/ (m²·d)]	< 0.1	< 0.5	< 1.0
BOD 负荷 / [kg/ (hm²·d)]	15～50	80～120	80～120
SS 去除率 /%	50～60	50～70	50～75
COD 去除率 /%	50～60	50～60	50～80
BOD 去除率 /%	40～60	50～70	50～80
氨氮去除率 /%	20～40	40～70	60～85
TP 去除率 /%	30～50	60～75	60～85
系统控制	简单、受季节影响大	相对复杂	相对复杂
环境状况	有恶臭、孳生蚊蝇现象	良好	良好
工程造价	低	高	较高

3. 湿地面积计算

（1）地表流湿地面积设计计算见式（6.5）～式（6.15）：

1）处理效率：

$$E = \frac{C_0 - C_e}{C_0} = \frac{C_e}{C_0} \tag{6.5}$$

$$\frac{C_e}{C_0} = a \exp\left[-\frac{0.7 K_T (A_V)^{1.75} LWHn}{Q}\right] \tag{6.6}$$

式中：E 为 BOD 去除率，%；C_0 为进水 BOD 浓度，mg/L；C_e 为出水 BOD 浓度，mg/L；

a 为湿地前部废水中 BOD 不可沉淀去除的份额；K_T 为水温 T 时的反应速率常数，d^{-1}；A_v 为活性生物比表面积，m^2/m^3；L、W 为湿地长度、宽度，m；H 为湿地水深，m；n 为系统孔隙度；Q 为污水日均流量，m^3/d。

2）水力停留时间：

$$t=\frac{\ln C_0-\ln C_e+\ln a}{0.7K_T\left(A_v\right)^{1.75}n} \tag{6.7}$$

式中：t 为湿地中水力停留时间，d。

3）湿地生化反应速率常数：

$$K_T=K_{20}\times1.1^{(T-20)} \tag{6.8}$$

式中：K_{20} 为 20℃水温时的反应速率常数，d^{-1}；T 为水温，℃。

4）湿地面积：

$$A=\frac{Qt}{H}=\frac{Q\left(\ln C_0-\ln C_e+\ln a\right)}{0.7K_T(A_v)^{1.75}Hn} \tag{6.9}$$

（2）地下流湿地面积设计计算公式如下。

1）处理效率：

$$E=\frac{C_0-C_e}{C_0}=1-\frac{C_e}{C_0} \tag{6.10}$$

$$\frac{C_e}{C_0}=\exp\left(-\frac{K_TLWHn}{Q}\right) \tag{6.11}$$

式中：E 为 BOD 去除率，%；C_0 为进水 BOD 浓度，mg/L；C_e 为出水 BOD 浓度，mg/L；K_T 为水温 T 时的反应速率常数，d^{-1}；L、W 为湿地长度、宽度，m；H 为湿地水深，m；n 为系统孔隙度；Q 为污水日均流量，m^3/d。

2）水力停留时间：

$$t=\frac{\ln C_0-\ln C_e}{K_T} \tag{6.12}$$

式中：t 为湿地中水力停留时间，d。

3）湿地生化反应速率常数：

$$K_T=K_{20}\times37.31\times n^{4.172}\times1.1^{(T-20)} \tag{6.13}$$

式中：K_{20} 为 20℃水温时的反应速率常数，d^{-1}；T 为水温，℃。

4）床体饱水层横截面积：

$$A_C=\frac{Q}{K_SS} \tag{6.14}$$

式中：K_S 为床基层水利传导率，$m^3/(m^2d)$；S 为水流的水力梯度，%。

5）湿地面积：

$$A=\frac{Qt}{Hn}=\frac{Q\left(\ln C_0-\ln C_e\right)}{K_THn} \tag{6.15}$$

湿地面积根据河道沿岸污水量及污染物入河量，结合湿地污染物去除效率综合确定。湿地面积计算表见表 6.18 和表 6.19。

表 6.18 地表流湿地面积计算表

河流名称	湿地点位	湿地类型	污水日均流量/(m³/d)	湿地长度/m	湿地宽度/m	湿地水深/m	水温/℃	进水 BOD 浓度/(mg/L)	出水 BOD 浓度/(mg/L)	系统孔隙度	湿地面积/m²

表 6.19 地下流湿地面积计算表

河流名称	湿地点位	湿地类型	污水日均流量/(m³/d)	湿地长度/m	湿地宽度/m	湿地水深/m	水温/℃	进水 BOD 浓度/(mg/L)	出水 BOD 浓度/(mg/L)	系统孔隙度	水利传导率/[m³/(m²·d)]	水利梯度/%	湿地面积/m²

填料和植物是人工湿地的重要组成部分，发挥着污水净化和生态景观的重要功能。填料作为湿地的基层，具有膜附着、支撑植物生长和吸附净化功能，选择时不仅要考虑填料自有性能（硬度、表面积和孔隙度等），还要考虑其对微生物及植物的相宜性；而人工湿地植物选配应按照人工湿地生态系统的演替规律，综合考虑湿地植物的生长环境、形态特征、生态习性等特点进行设计。

填料是人工湿地的基质与载体，根据对国内外湿地工程的调研，湿地堵塞问题主要与填料的种类和级配相关，在湿地工程设计中应避免采用原生土壤或者容易板结等物质做填料，尽量采用质轻多孔、不易黏结的填料，并注意填料粒径及配比。国内外处理生活污水和城市污水的水平潜流人工湿地填料大多采用砾石、页岩、钢渣、沸石、石灰石、白云石、活性炭、粉煤灰、炉渣和无烟煤等，处理工业有机废水多采用吸附能力强的填料，如沸石、陶粒和活性炭等。

砾石价格低廉，处理效果较好；页岩分布较广泛，植物易于生长；沸石净化效果好，对氨氮和有机污染物的去除效率高。其中，沸石是由硅（Si）、铝（Al）、氧（O）组成的四面体，其空间网架结构中充满了空腔与孔道，具有较大的开放性和巨大的内表面积（$400 \sim 800 \text{m}^2/\text{g}$），且沸石构架上的平衡阳离子与构架结合得不紧密，极易与水溶液中的阳离子发生交换作用，因而具有良好的吸附、交换性能。有机污染物是污染水源中的一类主要污染物，一些常见的有机污染物如酚类、苯胺、苯醌、氨基酸等，均可被沸石吸附。据文献调研，Razee S 等（2002）研究了沸石去除芳香族化合物的效果，斜发沸石在接触 4h 条件下，对苯胺、苯酚、4-甲基苯胺、4-氨基酸、2-氨基酸、4-硝基酚、2-硝基酚、2-甲基-4-硝基酚的吸附率为 45% ～ 64%；Li Zh H, Bowman R S. 等（2001）用 HDTMA（十六烷基三甲铵）对天然斜发沸石进行表面改性，并发现改性后的沸石能有效地去除水中的苯、苯酚和苯胺，并且还发现 HDTMA 改性沸石对四氯乙烯（PCE）具有良好的吸附去除作用；张玉先等（2002）使用 O₃- 沸石 -GAC 组合工艺，水中 COD_{Mn}、挥发酚、氨氮、氰化物、亚硝酸盐、UV254 的去除率分别为 30% ～ 48%、80% ～ 95%、40% ～ 70%、50% ～ 80%、70% ～ 95%、30% ～ 50%。三种人工湿地填料性能及经济性比较见表 6.20。

表 6.20 三种人工湿地填料性能及经济性比较

填料类型	砾石	页岩	沸石
分布情况	最广	广泛	一般
孔隙率	一般	较高	高
主要功能	净化、支撑	净化、支撑	净化、吸附
COD 去除率	一般	高	较高
总氮去除率	一般	较高	较高
氨氮去除率	一般	较高	较高
总磷去除率	一般	高	较高
有机污染物去除率	一般	一般	高（酚类、苯胺、苯醌、氨基酸等，均可被沸石吸附）
是否易堵塞	不易	易	不易
植物生长	较好	较好	较好
成本	最低	低	较高

综上所述，三种人工湿地填料的优缺点总结见表 6.21。

表 6.21 三种人工湿地填料的优缺点

填料类型	砾石	页岩	沸石
优点	1. 造价低； 2. 处理效果较好； 3. 分布广泛； 4. 不易堵塞	1. 对有机物、氮、磷的去除效果好； 2. 分布广泛	1. 孔隙率高； 2. 对有机物、氮、磷的去除效果好
缺点	处理效果一般	1. 易堵塞； 2. 对有机物去除效果一般	1. 造价较高； 2. 分布不广泛

人工湿地的植被种类、填料选择依据人工湿地进水水质、出水水质要求，污染物种类及浓度，并尽可能结合景观构建综合分析确定。例如，入海口附近的人工湿地，进水含盐量较高并含有不同种类的有机污染物，因此，植物选配方面首先应根据进水的盐度选种相应的耐盐植物，并尽可能考虑景观构建。再如，由污水处理厂的出水作为人工湿地进水，水质达到一级 A 标准，污染物浓度较低，故确定水平潜流人工湿地填料以砾石为主，沸石为辅，填料级配分为水平级配和垂直级配两部分。

6.6.5 地埋式生活污水处理设备

地埋式生活污水处理设备适用于小范围内的散排污染物处理。综合污水由管网收集汇流到污水处理站的格栅集水井内，污水经格栅将水中的大颗粒杂物去除，去除后的颗粒物作垃圾处理，然后进入调节池，后经泵提升到一体化污水处理设备。一体化污水处理设备内部配置强化耦合生物膜和组合填料，去除 COD、BOD 和氨氮，出水进入斜管沉淀池，经过斜管沉淀池去除水中的悬浮物、脱落的生物膜和总磷，沉淀之后的水自流排放。

斜管沉淀池底部污泥可回流至强化耦合生物膜前端，底部多余污泥排入污泥池，污泥经过叠螺压滤机脱水后运送至有污泥处理资质的单位进行处理。

地埋式污水处理设备的出水水质可达大型污水处理厂的一级 A 标准，处理规模依据沿岸污水量和污染物入河量综合选取，处理后的水可并入市政管网，或辅以人工湿地等其他手段进一步净化，达到入河水质标准后即可排入河道。

6.6.6 生态浮岛

生态浮岛能有效去除水体污染，抑制浮游藻类的生长，其净化原理如下：

（1）植物的吸附与吸收功能。有浮岛的水体透明度可提高 2 ～ 3 倍。

（2）通过根系微生物形成生物膜降解污染物。对水体中的氮磷去除率大都达到70% 以上。

（3）遮蔽阳光，抑制藻类生长。对提高水体透明度十分有效。

（4）浮岛对重金属的富集作用。生态浮岛具有一定的去除水体重金属污染功能。

（5）浮岛植物可通过根系向水体中释放大量氧气，提高水体溶解氧含量，促进污染物快速净化。

（6）通过收割浮岛植物和捕获鱼虾，减少水中的营养物质，降低水体的富营养化程度。

考虑污水经截污处理后仍存在溢流风险，根据入湖污染物浓度确定浮岛面积，即对入湖水现状污染物指标、设计水质指标和设计水质净化时间，分别计算脱氮脱磷所需要的生态浮岛的量，并考虑一定的安全裕度，计算式为

$$A=aV(C_e-C_0)/(Tq) \qquad (6.15)$$

式中：A 为生态浮岛面积，m^2；V 为净化水体体积，m^3；T 为生态修复时间，d；C_e 为河道污染物现状 BOD 值，mg/L；C_0 为河道污染物目标 BOD 值，mg/L；q 为污染物负荷，$g/(m^2 \cdot d)$；a 为安全系数，取 1.1。

浮岛材质和结构要能抵御水体流动和风浪的扰动，应选择环保材料，确保部队河道湖体造成二次污染，应便于拆卸和组装，并尽可能考虑回收利用，且考虑植物收获的便利性。浮岛植物遴选利用当地土著植物或本地已广泛种植的物种，确保不同季节取得较好的景观效果和水质净化效果，达到预定的净化目的。

6.6.7 碳素纤维草

碳素纤维草具有较大的比表面积，有利于捕捉污染物；附着的微生物群能快速形成生物膜，对污染物进行吸收、降解和转化。碳素纤维因高弹性而具有的形状维持能力，纤维生物膜在水中摆动可达到较强的污染物捕捉和分解效果。

碳素纤维有利于水生生物生长，有着良好的生物亲和性，鱼类可以在碳素纤维周围产卵，可称为鱼类隐蔽的藏身地；还可作为水生植物的良好的基床，在促进植物多样性以及利用海藻类净化水质等方面有一定作用。

碳素纤维草比表面积约为 $1000m^2/g$，利用此特性能高效吸收、吸附、截流水中溶解态和悬浮态的污染物，从而提高水体透明度，并为各类微生物、藻类和水生动物的生长、繁殖提供良好的附着、穴居条件，最终在碳素纤维生态草表面形成具有很强净化功能的"生物膜"结构。与其他种类纤维比，微生物的附着量大，不易脱落，且附着的微生物活性高。经过科学实验观察，碳素纤维草的生物卵床功能甚至优于真实水草，通过太阳光等射线照射后发出的声波吸引鱼虾贝类聚集周围，形成具有生产者、消费者、分解者的完整生态链。

6.6.8 水生植被

按照水源净化的功能性要求，需种植根系发达、生物量相对较大、易于栽种的广谱多年生水生植物，如芦苇、香蒲、菖蒲、水葱、茭白、千屈菜、梭鱼草、水生柳等水生植物对水质能起到净化作用。在植物品种的高低搭配上，距离道路近的地方选择相对较为低矮的品种；较远的地方，种植芦苇、香蒲等较高的品种，形成不同的观赏层次。

6.7 河流健康评估

6.7.1 指标选择

河流健康评估指标的选择，应遵循以下原则：

（1）科学认知原则。基于现有的科学认知，可以基本判断其变化驱动成因的评估指标。

（2）数据获得原则。评估数据可以在现有监测统计成果基础上进行收集整理，或采用合理的补充监测手段获取。

（3）评估标准原则。基于现有成熟或易于接受的方法，制定相对严谨的评估标准的评估指标。

（4）相对独立原则。选择评估指标内涵不存在明显的重复。

6.7.2 指标体系构建

河流健康评估常用层次分析法。把河流健康作为一个系统，按照分解、比较判断、综合的思维方式进行决策。河流健康评估指标体系采用目标层、准则层和指标层 3 级体系。目标层指的是河流健康；准则层包括水生生物指标（B1）、社会服务功能指标（B2）、物理结构（B3）、水文水资源指标（B4）和水质指标（B5）5 个方面；在准则层下分为 16 个指标层，详见表 6.22。该指标体系在作者以往的河流综合治理工程规划项目中取得过较好的效果，指标层的指标可根据拟治理河道的实际情况进行增减或调整。

表 6.22　河流健康评估指标体系

目标层	代码	准则层	代码	河流指标层	代码
河流健康	A	水生生物指标	B1	E/O 指数	C1
				Palmer 藻类污染指数	C2
				底栖动物 BMWP 记分	C3
		社会服务功能指标	B2	水功能区达标指标	C4
				水资源开发利用指标	C5
				防洪指标	C6
		物理结构	B3	岸坡稳定性	C7
				河岸植被覆盖率	C8
				河岸人工干扰程度	C9
				河流连通阻隔状况	C10
		水文水资源指标	B4	流量过程变异程度	C11
				生态流量保障程度	C12
		水质指标	B5	DO 水质状况	C13
				耗氧有机物污染状况	C14
				总磷污染状况	C15
				重金属污染状况	C16

6.7.3 河流健康评估基准

河流健康评估基准的确定是用于比较并检测生态损伤的基础，是进行河流健康评估的必要前提。基准状况分为 4 类，详见表 6.23。

表 6.23 河湖健康评估基准情景

参照状况	说明	特征
最小干扰状态（MDC）	无显著人类活动干扰条件下	考虑自然变动，随时间变化小
历史状态（HC）	某一历史状态	多种可能，可以根据需要选择某个时间节点
最低干扰状态（LDC）	区域范围内现有最佳状态，也即区域内最佳的样板河段	具有区域差异，随着河道退化或生态恢复可能随时间变化
可达到的最佳状态（BAC）	通过合理有效的管理调控可达到的最佳状况，也即期望状态	主要取决于人类活动对区域的干扰水平，BAC 不应超越 MDC，但也不应劣于 LDC

6.7.4 河流健康评估指标数据调查及监测位置

河流健康评估指标包括 3 种尺度，即断面尺度指标、河段尺度指标和河流尺度指标。断面尺度指标的数据来自监测断面的取样监测；河段尺度指标的数据来自评估河段内的代表站位或评估河段整体情况；河流尺度指标的数据来自评估河流及其流域的调查和统计数据。各指标层的数据获取位置和代表范围见表 6.24。

表 6.24 河流健康评估指标取样调查位置或范围说明

目标层	代码	准则层	代码	河流指标层	代码	指标尺度	评估数据取样调查监测位置或范围
河流健康	A	水生生物指标	B1	E/O 指数	C1	断面尺度	监测河段所有监测断面取样区
				Palmer 藻类污染指数	C2		
				底栖动物 BMWP 记分	C3		
		社会服务功能指标	B2	水功能区达标指标	C4	河段尺度	评估河段
				水资源开发利用指标	C5		
				防洪指标	C6		
		物理结构	B3	岸坡稳定性	C7	断面尺度	监测河段监测断面所在左右岸样方区
				河岸植被覆盖率	C8		
				河岸人工干扰程度	C9		
				河流连通阻隔状况	C10	河段尺度	评估河段
		水文水资源指标	B4	流量过程变异程度	C11	河段尺度	位于评估河段内的水文站
				生态流量保障程度	C12		
		水质指标	B5	DO 水质状况	C13	断面尺度	评估河段监测点位所在的监测断面
				耗氧有机物污染状况	C14		
				总磷污染状况	C15		
				重金属污染状况	C16		

6.7.5 河流健康评估指标的计算方法

首先对流域内每条河流（或河段）进行断面尺度或河段尺度的指标计算赋分，然后根据权重计算准则层的赋分，再根据不同准则层的权重计算每条河流（或河段）的目标层赋分。利用每条河流（或河段）的长度在流域内河流总长度（或河流总长度）的比例作为权重，计算得到整个流域（或整个河流）的河流健康赋分。

1. 指标层赋分评估

（1）将监测断面取样监测数据转换为监测河段代表值，转换方法包括以下两种：

1）物理结构准则层。河岸带状况指标中的河岸稳定性分指标及河岸植被覆盖度分指标的评估数据采用监测断面调查监测数据的算术平均值。

2）生物准则层。将监测断面的样品综合成一个分析样，其分析数据作为监测河段的评估数据。

设置多个监测河段的评估河段，在上述工作基础上，对监测河段的分析数据进行算术平均，得到评估河段代表值。

（2）河段尺度指标计算方法，主要有以下三种：

1）部分河流可以从评估河段内的典型站点获得，如水文水资源准则层的评估指标，可以选用评估河段内现有的水文站监测数据，或根据水文监测调查技术规程确定的补充监测站。

2）部分指标要从整个评估河段的统计数据获得，如社会服务功能指标准则层指标，其评估数据是与整个评估河段相关的调查统计数据。

3）部分指标要包括评估河段及其下游河段，如物理结构中的河流连通阻隔状况指标，需要调查评估河段及其至下游河口的河段内的闸坝阻隔情况。

2. 准则层赋分评估

参照各评估指标的赋分标准，计算每条河流（或河段）的准则层赋分值。

3. 目标层赋分评估

按照水生物指标（B1）、社会服务功能指标（B2）、物理结构（B3）、水文水资源指标（B4）和水质指标（B5）在体系内的权重进行综合评估，得到流域内每条河流（或河段）的目标层赋分值，见式（6.16）。

$$REI = \sum_{i=1}^{n} (Bi_r \times Bi_W), \ n = 1, 2, \cdots, 5 \qquad (6.16)$$

式中：REI 为每条河流的目标层赋分；Bi_r 为准则层赋分；Bi_w 为准则层权重。

4. 河流健康目标层赋分

河流健康目标层赋分按照式（6.17）计算：

$$TREI = \sum_{n=1}^{N} (\frac{REI_n \times SL_n}{RIVL}) \qquad (6.17)$$

式中：$TREI$ 为流域河流健康目标层赋分；REI 为流域内每条河流（或河段）的目标

层赋分；SL 为评估河流（或河段）长度，km；$RIVL$ 为评估流域河流总长度，km；N 为流域内评估河流总数。

6.7.6 指标权重分析

根据权重分析的结果，将准则层和指标层的权重列表示出，见表 6.25。

表 6.25 河流健康评估体系权重表

目标层	代码	权重 w	准则层	代码	权重 w	指标层	代码	总排序
河流健康	A		水生生物指标	B1		E/O 指数	C1	
						Palmer 藻类污染指数	C2	
						底栖动物 BMWP 记分	C3	
			社会服务功能指标	B2		水功能区达标指标	C4	
						水资源开发利用指标	C5	
						防洪指标	C6	
			物理结构	B3		岸坡稳定性	C7	
						河岸植被覆盖率	C8	
						河岸人工干扰程度	C9	
						河流连通阻隔状况	C10	
			水文水资源指标	B4		流量过程变异程度	C11	
						生态流量保障程度	C12	
			水质指标	B5		DO 水质状况	C13	
						耗氧有机物污染状况	C14	
						总磷污染状况	C15	
						重金属污染状况	C16	

6.7.7 水生生物指标准则层 B1

1. E/O 指数 C1

应用浮游动物中 – 富营养型种（E）和贫 – 中营养型种（O）种数比值（E/O）来判定水体类型。

E/O 值对应的赋分标准见表 6.26。

表 6.26 E/O 值赋分

E/O	营养类型	赋分
＜ 0.5	贫营养型	100
0.5 ～ 1.5	中营养型	75
1.5 ～ 5.0	富营养型	25
＞ 5.0	超富营养型	0

2. Palmer 藻类污染指数 C2

利用耐受污染藻类，不同属的污染指数值对监测位点水体受污染程度进行评价的一种生物指数。根据藻类对有机污染耐受程度的不同，对能耐受污染的藻类，分别给予 1 ～ 5 不同的污染指数值。按照指数分值分布范围，对监测位点水体质量状况进行评价。Palmer 分值越小表明水体质量越好。根据水样中出现的藻类，计算总污染指数。

Palmer 藻类污染指数评价赋分参照表 6.27。

表 6.27 Palmer 藻类污染指数评价赋分表

指数	＞ 20	15 ～ 19	5 ～ 14	＜ 5
污染状况	重污染	中污染	轻污染	无污染
赋分	0	25	75	100

3. 底栖动物 BMWP 记分 C3

利用不同大型底栖动物对有机污染有不同的敏感性、耐受性，按照各个类群的耐受程度给予分值来评价水环境质量的一种生物指数。BMWP 记分系统以大型底栖动物为指示生物。BMWP 评价原理是基于不同的大型底栖动物对有机污染（如富营养化）有不同的敏感性、耐受性，按照各个类群的耐受程度给予分值。按照分值分布范围，对监测位点水体质量状况进行评价。BMWP 分值越大表明水体质量越好。

BMWP 记分系统以科为单位，每个样品各科记分值之和，即为 BMWP 分值，样品中只有 1 ～ 2 个个体的科不参加记分。按照评价标准对监测位点的污染状况进行评价，见表 6.28。

表 6.28 大型底栖动物类群记分值表

类群	科	记分值
蜉蝣目	短丝蜉科、扁蜉科、细裳蜉科、小蜉科、河花蜉科、蜉蝣科	10
襀翅目	带襀科，卷襀科，黑襀科，网襀科，襀科，绿襀科	
半翅目	盖蝽科	
毛翅目	石蛾科、枝石蛾科、贝石蛾科、齿角石蛾科、长角石蛾科、瘤石蛾科、鳞石蛾科、短石蛾科、毛石蛾科	

续表

类群	科	记分值
十足目	正螯虾科	8
蜻蜓目	丝螅科、色螅科、箭蜓科、大蜓科、蜓科、伪蜻科、蜻科	
蜉蝣目	细蜉科	7
襀翅目	叉襀科	
毛翅目	原石蛾科、多距石蛾科、沼石蛾科	
螺类	蜒螺科、田螺科、盘螺科	6
毛翅目	小石蛾科	
蚌类	蚌科	
端足目	蜾蠃蜚科、钩虾科	
蜻蜓目	扇螅科、细螅科	
半翅目	水蝽科、尺蝽科、黾蝽科、蝽科、潜蝽科、仰蝽科、固头蝽科、划蝽科	5
鞘翅目	沼梭科、水甲科、龙虱科、豉甲科、牙甲科、拳甲科、沼甲科、泥甲科、长角泥甲科、叶甲科、象鼻虫科	
毛翅目	纹石蛾科、经石蚕科	5
双翅目	大蚊科、蚋科	
涡虫	真涡虫科、枝肠涡虫科	
蜉蝣目	四节蜉科	4
广翅目	泥蛉科	
蛭纲	鱼蛭科	
螺类	盘螺科、螺科、椎实螺科、滴螺科、扁卷螺科	3
蛤类	球蚬科	
蛭纲	舌蛭科、医蛭科、石蛭科	
虱类	栉水虱科	
双翅目	摇蚊科	2
寡毛类	寡毛纲	1

4. 水生生物指标层得分

水生生物指标层得分计入表 6.29。

表 6.29 水生生物指标层得分

指标	代码	得分
E/O 指数	C1	
Palmer 藻类污染指数	C2	
底栖动物 BMWP 记分	C3	

6.7.8 社会服务功能指标准则层 B2

1. 水功能区达标指标 C4

该指标以水功能区水质达标率表示。水功能区水质达标率是指对评估河流包括的水功能区按照《地表水资源质量评价技术规程》（SL 395—2007）规定的技术方法确定的水质达标个数比例。该指标重点评估河流水质状况与水体规定功能，包括生态与环境保护和资源利用（饮用水、工业用水、农业用水、渔业用水、景观娱乐用水）等的适宜性。水功能区水质满足水体规定水质目标，则该水功能区的规划功能的水质保障得到满足。

评估年内水功能区达标次数占评估次数的比例大于或等于 80% 的水功能区确定为水质达标水功能区；评估河流达标水功能区个数占其区划总个数的比例为评估河流水功能区水质达标率。评估河流水功能区水质达标率指标赋分 C4r 计算见式（6.18）。

$$C4r = WFZP \times 100\% \tag{6.18}$$

式中：$WFZP$ 为评估河流水功能区水质达标率。

2. 水资源开发利用指标 C5

该指标以水资源开发利用率表示。水资源开发利用率是指评估河流流域内供水量占流域水资源量的百分比。水资源开发利用率表达流域经济社会活动对水量的影响，反映流域的开发程度、社会经济发展与生态环境保护之间的协调性。

评估河流水资源开发利用率 C5r 计算见式（6.19）。

$$C5r = WU/WR \tag{6.19}$$

式中：WR 为评估河流流域水资源总量；WU 为评估河流流域水资源开发利用量。

水资源的开发利用合理限度确定的依据应该按照人水和谐的理念，既可以支持经济社会合理的用水需求，又不对水资源的可持续利用及河流生态造成重大影响。因此，过高和过低的水资源开发利用率均不符合河流健康要求。

因此，水资源开发利用率指标赋分模型呈抛物线，在 30%～40% 为最高赋分区，过高（超过 60%）和过低（0%）开发利用率均赋分为 0。C5r 评估河流流域水资源开发利用率指标赋分见式（6.20）。

$$C5r = 1111.11 \times (WRU)^2 + 666.67 \times (WRU) \tag{6.20}$$

式中：WRU 为评估河流流域水资源开发利用率。

3. 防洪指标 C6

河流防洪指标 C6 评估河道的安全泄洪能力，其计算见式（6.21）。影响河流安全泄洪能力的因素较多，其中的防洪工程措施和非工程措施的完善率是重要方面。防洪指标重点评估工程措施的完善状况。

$$C6r = \frac{\sum_{n=1}^{N} (RIVL_n \times RIVB_n)}{RIVL} \tag{6.21}$$

式中：$RIVL_n$ 为有防洪任务河段的长度，km；n 为评估河流根据防洪规划划分的河段数量；$RIVB_n$ 为根据河段防洪工程是否满足规划要求进行赋值：达标，$RIVB_n = 1$，不达标，$RIVB_n = 0$；$RIVL$ 为评估流域河流总长度，km。

防洪指标赋分标准列表见表 6.30。

表 6.30 防洪指标赋分标准

防洪指标	$P = 95\%$	$P = 90\%$	$P = 85\%$	$P = 70\%$	$P = 50\%$
赋分	100	75	50	25	0

4. 社会服务功能准则层得分

社会服务功能准则层得分计入表 6.31。

表 6.31 社会准则层得分

指标	代码	得分
水功能区达标指标	C4	
水资源开发利用指标	C5	
防洪指标	C6	

6.7.9 物理结构准则层 B3

1. 河岸岸坡稳定性 C7

按照构成河岸的地貌类型划分，河流河岸分为三类：河谷河岸、滩地河岸、堤防河岸。河谷河岸，多位于山区河流，河岸由河谷谷坡构成，河道断面呈 V 形结构；滩地河岸，由枯水季节河漫滩边坡构成，常见于冲积河流的下游河段；堤防河岸，由洪水季节河道堤防的边坡构成。

按照河岸的基质类型划分，河流河岸亦可分为三类：基岩河岸、岩土河岸、土质河岸。基岩河岸，河岸由基岩组成；岩土河岸，河岸下部由近代基岩、上部由近代沉积物组成；土质河岸，河岸由更新世纪沉积物或近代沉积物组成。

其中，土质河岸按照土质类型划分，可进一步划分为三类：

（1）非黏土河岸。河岸土体组成在垂向上的分层结构不明显，主要由砂和砂砾为主组成，中值粒径大于 0.1mm。

（2）黏土河岸。河岸土体组成在垂向上的分层结构不明显，主要由细砂、粉粒、黏粒和胶粒组成，中值粒径小于 0.1mm。

（3）混合土河岸。河岸土体组成在垂向上的分层结构明显，一般上部为非黏土层，下部为黏土层。

致使河岸失稳的动力因素，主要分为河岸冲刷和河岸坍塌两类。河岸冲刷，指近岸水流对河岸坡脚的泥沙颗粒或团粒冲蚀；河岸坍塌，指水面以上岸坡的土块在内外各种因素的作用下失稳乃至发生坍塌。河岸稳定性指标根据河岸侵蚀现状（包括已经发生的或潜在发生的河岸侵蚀）评估。

河岸易于侵蚀可表现为河岸缺乏植被覆盖、树根暴露、土壤暴露、河岸水力冲刷、坍塌裂隙发育等。河岸岸坡稳定性评估要素包括：岸坡倾角（SAr）、河岸高度（SHr）、基质特征（SMr）、岸坡植被覆盖度（SCr）和坡脚冲刷强度（STr）。按照式（6.22）计算岸坡稳定性赋分。

$$C7r = \frac{SAr + SCr + SHr + SMr + STr}{5} \qquad （6.22）$$

河岸稳定性评估指标赋分标准见表 6.32。

表 6.32 河岸稳定性评估指标赋分标准

岸坡特征	分值	岸坡倾角 /（°）	岸坡植被覆盖度 /%	河岸高度 /m	基质特征	坡脚冲刷强度	总体特征描述
稳定	90	＜ 15	＞ 75	＜ 1	基岩	无冲刷迹象	近期内河岸不会发生变形破坏，无水土流失现象
基本稳定	75	＜ 30	＞ 50	＜ 2	岩土河岸	轻度冲刷	河岸结构有松动发育迹象，有水土流失迹象，但近期不会发生变形和破坏
次不稳定	25	＜ 45	＞ 25	＜ 3	黏土河岸	中度冲刷	河岸松动裂痕发育趋势明显，一定条件下可以导致河岸变形和破坏，中度水土流失
不稳定	0	＜ 60	＞ 0	＜ 5	非黏土河岸	重度冲刷	河岸水土流失严重，随时可能发生大的变形和破坏，或已经发生破坏

2. 河岸植被覆盖度 C8

复杂多层次的河岸植被是河岸带结构和功能处于良好状态的重要表征。植被相对良好的河岸带对河流邻近陆地给予河流胁迫压力，具有较好的缓冲作用。河岸带水边线以上范围乔木（6m 以上）、灌木（6m 以下）和草本植物的覆盖度是评估重点。

对比植被覆盖度评估标准，分别对乔木（TC）、灌木（SC）及草本植物（HC）覆盖度进行赋分，并根据式（6.23）计算河岸植被覆盖度指标赋分值。

$$C8r = \frac{TCr + SCr + HCr}{3} \qquad （6.23）$$

河岸植被覆盖度指标直接评估赋分标准见表 6.33。

表 6.33 河岸植被覆盖度指标直接评估赋分标准

植被覆盖度 /%	说明	赋分
0	无该类植被	0
0 ～ 10	植被稀疏	25
10 ～ 40	中度覆盖	50

植被覆盖度 /%	说明	赋分
40～75	重度覆盖	75
>75	极重度覆盖	100

3. 河岸带人工干扰程度 C9

对河岸带及其邻近陆域典型人类活动进行调查评估，并根据其与河岸带的远近关系区分其影响程度。重点调查评估在河岸带及其邻近陆域进行的 9 类人类活动，包括：河岸硬性砌护、采砂、沿岸建筑物（房屋）、公路（或铁路）、垃圾填埋场或垃圾堆放、河滨公园、管道、采矿、农业耕种、畜牧养殖等。

对评估河段采用每出现一项人类活动减少其对应分值的方法，进行河岸带人类影响评估。评分标准所列 9 类活动的河段赋分为 100 分，根据所出现人类活动的类型及其位置减除相应的分值，直至 0 分。

河岸带人类活动赋分标准见表 6.34。

表 6.34　河岸带人类活动赋分标准

序号	人类活动类型	所在位置		
		河道内（水边线以内）	河岸带	河岸带临近陆域（小河 10m 以内，大河 30m 以内）
1	河岸硬性砌护		−5	
2	采砂	−30	−40	
3	沿岸建筑物（房屋）	−15	−10	−5
4	公路（或铁路）	−5	−10	−5
5	垃圾填埋场或垃圾堆放		−60	−40
6	河滨公园		−5	−2
7	管道	−5	−5	−2
8	农业耕种		−15	−5
9	畜牧养殖		−10	−5

4. 河流连通阻隔状况 C10

河流连通阻隔状况主要调查评估河流对鱼类等生物物种迁徙及水流与营养物质传递阻断状况。重点调查监测断面以下至河口（干流、湖泊、海洋等）河段的闸坝阻隔特征，闸坝阻隔分为四类情况：

（1）完全阻隔，即断流。

（2）严重阻隔，即无鱼道，下泄流量不满足生态基流要求。

（3）阻隔，即无鱼道，下泄流量满足生态基流要求。

（4）轻度阻隔，即有鱼道，下泄流量满足生态基流要求。

对评估断面下游河段每个闸坝按照阻隔分类分别赋分，然后取所有闸坝的最小赋分，按照式（6.24）计算评估断面以下河流纵向连续性赋分。

$$C10r = 100 + Min\left[\left(DAMr\right)_i, \left(GATEr\right)_j\right] \tag{6.24}$$

式中：C10r 为河流连通阻隔状况赋分；$\left(DAMr\right)_i$ 为评估断面下游河段大坝阻隔赋分（$i=1, \cdots, N_{Dam}$），N_{Dam} 为下游大坝座数；$\left(GATEr\right)_j$ 为评估断面下游河段水闸阻隔赋分（$j=1, \cdots, N_{Gate}$），N_{Gate} 为下游水闸座数。

闸坝阻隔赋分见表6.35。

表6.35 闸坝阻隔赋分表

鱼类迁移阻隔特征	水量及物质流通阻隔特征	赋分
无阻隔	对径流没有调节作用	0
有鱼道，且正常运行	对径流有调节作用，下泄流量满足生态基流	−25
无鱼道，对部分鱼类迁移有阻隔作用	对径流有调节作用，下泄流量不满足生态基流	−75
迁移通道完全阻隔	部分时间导致断流	−100

5. 物理结构层得分

物理结构层得分计入表6.36。

表6.36 物理结构层得分表

指标	代码	得分
岸坡稳定性	C7	
河岸植被覆盖率	C8	
河岸人工干扰程度	C9	
河流连通阻隔状况	C10	

6.7.10 水文水资源准则层 B4

1. 流量过程变异程度 C11

流量过程变异程度指现状开发状态下，评估河段评估年内实测月径流过程与天然月径流过程的差异。反映评估河段监测断面以上流域水资源开发利用对评估河段河流水文情势的影响程度。

流量过程变异程度由评估年逐月实测径流量与天然月径流量的平均偏离程度表达，见式（6.25）：

$$C11 = \left[\sum_{m=1}^{12}\left(\frac{q_m - Q_m}{Q_m}\right)^2\right]^{1/2} \tag{6.25}$$

式中：q_m 为评估年实测月径流量；Q_m 为评估年天然月径流量；$\overline{Q_m}$ 为评估年天然月径流量年均值。天然径流量为按照水资源调查评估相关技术规划得到的还原量。

流量过程变异程度指标 C11 的赋分标准为根据全国重点水文站 1956—2000 年实测径流与天然径流计算获得，见表 6.37。

表 6.37 流量过程变异程度指标赋分表

C11	赋分
0.05	100
0.1	75
0.3	50
1.5	25
3.5	10
5	0

2. 生态流量满足程度 C12

河流生态流量是指，为维持河流生态系统的结构、功能而必须维持的最小流量。采用最小生态流量进行表达，见式（6.26）。

$$C12_1 = \min\left(\frac{q_d}{\overline{Q}}\right)^9_{m=4}, \quad C12_2 = \min\left(\frac{q_d}{\overline{Q}}\right)^3_{m=10} \tag{6.26}$$

式中：q_d 为评估年实测日径流量，m^3/d；$\overline{Q}$ 为多年平均日径流量，m^3/d。

$C12_1$ 为 4—9 月日径流量占多年平均日径流量的最低百分比；$C12_2$ 为 10 月至次年 3 月日径流量占多年平均日径流量的最低百分比。多年平均日径径流量采用不低于 30 年系列的水文监测数据推算。生态流量满足程度评估标准采用水文方法确定的基流标准。取赋分表中赋分最小值为该指标的最终赋分。分期基流标准与赋分见表 6.38。

表 6.38 分期基流标准与赋分表

分级	栖息地定性描述	推荐基流标准（年平均流量百分数）/%		赋分
		$C12_1$：一般水期（10 月至次年 3 月）	$C12_2$：鱼类产卵育幼期（4—9 月）	
1	最大	200	200	100
2	最佳	60 ～ 100	60 ～ 100	100
3	极好	40	60	100
4	非常好	30	50	100
5	好	20	40	80
6	一般	10	30	40

续表

分级	栖息地定性描述	推荐基流标准（年平均流量百分数）/%		赋分
		C12₁：一般水期（10月至次年3月）	C12₂：鱼类产卵育幼期（4—9月）	
7	差	10	10	20
8	极差	< 10	< 10	0

3. 指标层计算结果

水文水资源指标层计算结果计入表 6.39。

表 6.39　水文水资源准则层得分

指标	代码	得分
流量过程变异程度	C11	25
生态流量满足程度	C12	40

6.7.11　水质指标准则层 B5

1. DO 水质状况 C13

DO 为水体中溶解氧浓度，单位为 mg/L。溶解氧浓度对水生动植物十分重要，过高和过低的 DO 对水生生物均造成危害，适宜值为 4～12mg/L。

采用全年 12 个月月均浓度，按照汛期和非汛期进行平均，分别评估汛期与非汛期赋分，取其最低赋分为指标的赋分。按照《地面水环境质量标准》（GB 3838—2002），等于及优于Ⅲ类的水质状况满足鱼类生物的基本水质要求，因此采用 DO 的Ⅲ类限值 5mg/L 为基点。DO 水质状况指标赋分标准见表 6.40。

表 6.40　DO 水质状况指标赋分标准

DO/（mg/L）	> 7.5（或饱和率为90%）	> 6	> 5	> 3	> 2	> 0
DO 指标赋分	100	80	60	30	10	0

2. 耗氧有机物污染状况 C14

耗氧有机物是指导致水体中溶解氧大幅度下降的有机污染物，取高锰酸盐指数、化学需氧量、五日生化需氧量、氨氮等 4 项对河流耗氧污染状况进行评估。

高锰酸盐指数、化学需氧量、五日生化需氧量、氨氮分别赋分。选用评估年 12 个月的月均浓度，按照汛期和非汛期进行平均，分别评估汛期与非汛期赋分，取其最低赋分为水质项目的赋分，取 4 个水质项目赋分的平均值作为耗氧有机污染状况赋分，见式（6.27）。

$$C14r = \frac{COD_{Mn}r + CODr + BODr + NH_3\text{-}Nr}{4} \qquad (6.27)$$

根据《地面水环境质量标准》（GB 3838—2002）标准确定高锰酸盐指数（$COD_{Mn}r$）、化学需氧量（$CODr$）、五日生化需氧量（$BODr$）、氨氮（$NH_3\text{-}Nr$）赋分值，见表6.41。

表6.41　耗氧有机物污染状况指数赋分标准

污染物	赋分				
$COD_{Mn}r$/（mg/L）	2	4	6	10	15
$CODr$/（mg/L）	15	17.5	20	30	40
$BODr$/（mg/L）	3	3.5	4	6	10
$NH_3\text{-}Nr$/（mg/L）	0.15	0.5	1	1.5	2
赋分	100	80	60	30	0

3. 总磷污染状况 C15

根据《地面水环境质量标准》（GB 3838—2002）标准确定总磷的赋分。

4. 重金属污染状况 C16

重金属污染是指含有汞、镉、铬、铅及砷等生物毒性显著的重金属元素及其化合物对水的污染。选取砷、汞、镉、铬（六价）、铅等5项评估水体重金属污染状况。汞、镉、铬（六价）、铅及砷分别赋分，选用评估年12个月月均浓度，按照汛期和非汛期进行平均，分别评估汛期与非汛期赋分，取其最低赋分为水质项目的赋分，取5个水质项目最低赋分作为重金属污染状况指标赋分，见式（6.28）

$$C16r = min（ARr, HGr, CDr, CRr, PBr） \qquad (6.28)$$

根据《地面水环境质量标准》（GB 3838—2002）确定汞、镉、铬、铅及砷赋值，见表6.42。

表6.42　重金属污染状况指标赋分标准

污染物	赋分		
砷	0.05		0.1
汞	0.00005	0.0001	0.001
镉	0.001	0.005	0.01
铬（六价）	0.01	0.05	0.1
铅	0.01	0.05	0.1
赋分	100	60	0

5. 水质指标评估及准则层得分

根据各条河流的水质指标层的赋分和权重，计算各河流水质准则层的赋分。根据河流长度占评估河流总长的比例作为权重，计算评估河流的水质准则层总赋分，见表 6.43。

表 6.43　水质指标准则层得分

河流名称	河流长度 /km	DO 水质状况 C13 赋分	耗氧有机物污染状况 C14 赋分	总磷污染状况 C15 赋分	重金属污染状况 C16 赋分	水质准则层赋分

6.7.12　河流健康评估

河流健康评估标准分为 5 级：理想状况、健康、亚健康、不健康、病态，评估分级见表 6.44。

表 6.44　河流健康评估标准分级

等级	类型	赋分范围	意义
1	理想状况	80～100	接近参考状况或预期目标
2	健康	60～80	与参考状况或预期目标有较小差异
3	亚健康	40～60	与参考状况或预期目标有中度差异
4	不健康	20～40	与参考状况或预期目标有较大差异
5	病态	0～20	与参考状况或预期目标有显著差异

河流健康评估得分列表见表 6.45。

表 6.45　河流健康评估得分

目标层	总分	权重 w	准则层	权重 w	得分	指标层
河流健康			水生生物指标			E/O 指数 C1
						Palmer 藻类污染指数 C2
						底栖动物 BMWP 记分 C3
			社会服务功能指标			水功能区达标指标 C4
						水资源开发利用指标 C5
						防洪指标 C6
			物理结构			岸坡稳定性 C7
						河岸植被覆盖率 C8
						河岸人工干扰程度 C9
						河流连通阻隔状况 C10

目标层	总分	权重 w	准则层	权重 w	得分	指标层
河流健康			水文水资源指标			流量过程变异程度 C11
						生态流量保障程度 C12
			水质指标			DO 水质状况 C13
						耗氧有机物污染状况 C14
						总磷污染状况 C15
						重金属污染状况 C16

6.8 水生态修复与保护工程措施

6.8.1 河流生境改善

结合防洪工程对原有河道堤岸或者护岸进行的改造工程，或者是堤防和护岸的新建工程，以及河道的拓宽工程，对河流断面形态进行生态化设计。避免使用硬质化的材料，采用生态混凝土的护岸形式。清淤工程结合河流纵向生境改造，适当保留部分浅滩区域。

6.8.2 蓄滞洪区生态保护与修复

结合调蓄湖工程，构建河流形态的多样化。将调蓄湖纳入河道水系体系中，相互连通，整体化考虑水生态方案。

6.8.3 水库生态保护与修复

对具有供水功能的水库进行水源地保护，对湖滨带和入湖支流进行生态修复。

6.9 河流形态保护与修复

成熟的城市河流大部分已经渠化或人工河网化，表现在以下方面。

（1）平面上河流形态的均一化主要是指在河流整治工程中将自然河流渠道化或人工河网化。河道渠化效果见图 6.4。

（2）河道横断面几何规则化。把自然河流的复杂形状变成梯形、矩形及弧形等规则几何断面。河道横断面规则化效果见图 6.5。

图 6.4　河道渠化效果

图 6.5　河道横断面规则化效果

（3）河床材料的硬质化。渠道的边坡及河床采用混凝土、砌石等硬质材料。

河流的渠道化和裁弯取直工程彻底改变了河流蜿蜒型的基本形态，急流、缓流相间的格局消失，而横断面上的几何规则化，也改变了深潭、浅滩交错的形态，生境的异质性降低，水域生态系统的结构与功能随之发生变化，特别是生物群落多样性将随之降低，可能引起水生态系统退化。具体表现为河滨植被、河流植物的面积减少，微生境的生物多样性降低，鱼类的产卵条件发生变化，鸟类、两栖动物和昆虫的栖息地改变或避难所消失，这些表现造成物种的数量减少和某些物种的消亡。河床材料的硬质化，切断或减少了地表水与地下水的有机联系通道，本来在砂土、砾石或黏土中栖息着数目巨大的微生物再也找不到生存环境，水生植物和湿生植物无法生长，使得植食两栖动物、鸟类及昆虫失去生存条件。本来复杂的食物链（网）在某些关键种和重要环节上断裂。

6.9.1　河道平面

蜿蜒型河流地貌复杂性是生物多样性的自然基础，通过与河流的物理、化学和水文过程的交互作用，直接或间接影响着河流生态系统动态。有条件的地区应结合现状河道蓝线和堤防，结合清淤工程，对枯水期和平水期的河流主槽进行蜿蜒修复。

6.9.2　河道横断面

结合景观规划、防洪规划，对横断面的多样化进行规划。改变原有河流的统一断面形式，针对不同驳岸功能，采取不同的断面形式。同时考虑岸坡的防护功能，采用新型的生态基质防护材料，使其接近或还原自然河流的横断面形式。

自然河流的横断面应由河漫滩滨水带、浅滩、主槽组成。大多数城市河流经过人工改造后失去了多样化的横断面结构，简化为矩形或梯形断面。应结合蜿蜒型的平面设计和生态疏浚，在不改变现有河道开口线的前提下，在枯水期和平水期恢复河流的蜿蜒型和横断面的多样性。

6.9.3 河道纵断面

在蜿蜒型河道内的主要地貌单元是深潭-浅滩序列。深潭位于蜿蜒型河流弯曲的顶点，并在河道深泓线弯曲凸部的外侧（或称凹岸侧）。浅滩是两个河湾间的浅河道，位于河流深泓线相邻两个波峰之间，它的起点位于蜿蜒型河流的弯段末端，其长度取决于纵坡降，纵坡降越大，浅滩段越短。深潭的横剖面为窄深式，一般为几何非对称型；而浅滩的横剖面属宽浅式，大体呈对称形态。

深潭的栖息地功能主要体现在为水生物种提供栖息地。深潭的深度越深，面积越大，水生物种的种类就越多，这是因为较深的水位，能够满足不同鱼类对栖息水层的要求，而较大的水面面积能够提供更多的食物来源。深潭底部被泥、砂、卵石、碎石等覆盖，多样的底质环境能够为许多不同底栖生物提供活动场所。从河流纵向上看，河水在经过深潭区域时流速减小，流出深潭区域时流速增加，变化的流速能够满足不同鱼类生活习性。当河流在枯水期干涸时，较为浅的深潭已经干涸，水生物种都已消失，而面积较大、水位较深的深潭生物变化并不大。因此可以认为，深潭能够在枯水期为水生生物提供维持生命的水源，具有较好的水源功能。深潭增加物种多样性的功能与其栖息地和水源功能是密切相关的，多样的栖息地环境提供了多样的生态环境，能够为不同物种提供生存的基本条件，而深潭的水源功能能够为多种动植物提供生命所需的水分，从而促进了生物物种的多样性。

6.9.4 滨水带修复与保护

结合生态材料在防洪工程上的应用，恢复滨水带的植物群落，并注重植物种类的搭配，发挥生态、景观和水质净化的功能。水生植物一般分为湿生植物、挺水植物、浮叶植物和沉水植物。湿生植物具有抗淹性，是偶然或不经常的水生植物；挺水植物茎叶气生，是具有陆生植物特性的水生植物；根生浮叶植物是一面叶气生的水生植物；沉水植物是完全的水生植物。水生植物的分布规律是从滨水带至水深中心方向依次为湿生植物、挺水植物、浮叶植物和沉水植物。

6.9.5 缓冲带及生态护岸构建

河岸带属于水陆生态交错区，是水陆物种源（基因库）和野生动物的重要栖息地，是河溪中粗木质碎屑和养分能量的来源，它直接影响着河溪的微气候，更保护着河溪的水质，为人类的户外活动提供休闲场所，为农、林、牧、渔业的发展提供基地；河岸带也是养分管理、沉积物和水土流失控制及保护淡水资源环境系统的重要组成部分，其功能的有效发挥与否关系到流域生态系统的健康，是维护陆地和水域生态系统稳定的重要屏障。河岸植被缓冲带作为河岸带的重要组成部分以及水陆间重要的生态交错带，对水陆生态系统间的物流、能流、信息流和生物流发挥着重要的廊道、过滤器和屏障作用，具有重要的水文、生态、美学和社会经济功能。河岸植被缓冲带可描述为狭长的、线状的、滨水的水陆两栖植被带。这一地带生态环境的突出特点是水分多、土壤肥力较高，空气湿度也较高，但有的季节洪水泛滥，河岸植被缓冲带常受淹没。

多数城市河流由于城市发展对河流空间的挤占已经失去了缓冲带，有些河流局部有缓冲带，但是上下游不连续。为了恢复河流生态，结合景观规划，针对坡度不大于60°的护岸或堤防常采用生物基质混凝土（BSC，Biological substrate concrete）构建缓冲带的方案。

对于坡度大于60°的护岸进行生态化改造。生态护岸按断面形式和结构分类，主要包括斜坡式护岸、复合式护岸、垂直式护岸、生物护岸等。生态护岸设计首先要满足防洪要求及护岸结构稳定，优先采用成熟稳定的生态护岸材料。针对城市河流中众多的近垂直护岸的现状，常采用层叠式生物基质多孔性混凝土结构和生态多孔性混凝土砌块结构，对垂直护岸进行生态化改造。

6.10 生态监测与综合管理

对修复工程后的河流生态进行监测，包括水质监测、水文监测、水生态监测等，跟踪水生态修复措施的执行效果。

（1）利用水文监测站点，对河流的流速、水位、含沙量和水文等化学物理参数进行跟踪测量并记录。

（2）沿用现有监测站或新建监测站，对修复工程后的河流生态系统开展长期水体监测，跟踪水质变化。同时对水生态包括物种组成、密度、生物群落多样性、生长速率、生物生产量等进行监测。其中对生物群落的监测包括浮游植物、着生生物、浮游动物、底栖动物、水生维束管类植物和鱼类种类和数量。

（3）水生态监测频率可参考如下频次，也可按当地动植物特点选择合适的监测时间段和频次：

大型无脊椎动物，监测频次每年2次，分别在每年的3—5月及9—11月。

大型植物每年监测1次，建议选在6—9月。

藻类每年监测2次，建议分别选在每年的3—5月及9—11月。

【例 6.1】 调查团队于5月历时6d对茅洲河进行了河流水生态系统调查。调查内容及方法如下：

（1）大型水生植物。主要采用观察法，观测并记录河槽和岸带植物的种类及分布状况，并拍照记录现场水生植物的生长情况，对水生植物的范围进行估测。

（2）藻类。浮游藻类标本采集、浮游藻类计数。

（3）浮游动物。浮游动物定性标本的采集、浮游动物定量标本的采集。所有标本尽量鉴定到种；不能完全确定的种类，鉴定到属。

（4）底栖动物。采集底栖动物样品，回实验室在体视镜下观察、鉴定和计数。

（5）鱼类。直接观察，渔具种类、数量和规格、作业区域、作业时间以及产量等；鉴定鱼类种群及环境高危种群；测量鱼类常规种群及环境高危种群的生物量；通过鱼类生物量状况，评价流域内不同河段（典型河段）环境状态。

大型水生植物调查样点 44 处，采集浮游藻类 187 种，采集浮游动物 88 种，采集到底栖动物 3 门 6 纲 7 目 17 科 27 属 28 种，采集鱼类 3 目 4 科 4 属，并对采集到的样品进行观察、分析及分类评估。

调查结果显示：浮游藻类物种丰富，但以颤藻属、席藻属、假鱼腥藻属、直链藻属、舟形藻属、裸藻属、扁裸藻属、栅藻属和纤维藻属等污染指数值较高，喜好高有机质水体的物种数十分丰富。细胞密度以个体较为微小的假鱼腥藻、鞘丝藻、浮丝藻等蓝藻门种类占优势。生物量以细胞个体较大，嗜好高有机质的裸藻占优势。Palmer 藻类污染指数记分方法也显示支流上游的水体污染状况较轻，处于轻污染和中污染状况；干流的污染状况均较严重，属重污染。

采集到的浮游动物种类数多，但部分种类密度高，生物量大，群落多样性较低。尤其以轮虫、原生动物种类数多，密度高，且以如臂尾轮虫等污水种类居多，而枝角类和轮虫种类数相对较少。综合 E/O 值和香农－威主纳指数均显示，采集样点多为污染水体，处于中污染或重污染状态。

底栖动物物种不多，所有物种的耐污值为 4.5～10，未出现喜清洁水体的敏感种。运用 BMWP 记分系统评价各采样点的水质状况，总体来说水质状况很差，绝大多数采样点均处于重污染状况，但位于支流和干流上游的 1 号、4 号、5 号、7 号、16 号和 30 号采样点的水质状况相对稍好。

鱼类群落结构单一，食物网简单，小型化，种群生物量低，鱼类群落处于极不健康状态，这与其单一黑臭水体环境密切相关。

第7章 水景观工程

7.1 总体布局

通过穿梭于城市的河流将各自孤立的山、城、湖、海、港等城市特征串联成网，以低影响生态设施建设、亲水驳岸改造及人文绿道的打造，构建互相联系的城市生态慢行网。综合考虑水系周边城市用地性质、水资源量、河道水文状况等因素，选取适当的位置建造蓄水建筑物，形成景观水面。整合城市河流、水库及景观资源，结合水体拓展生态效益，丰富城市公众休闲活动，建设更富活力的滨水开放空间。考虑主要开放空间节点分布，布置湿地花园、森林公园、娱乐活动场所、文化展示空间等多样化休闲活动空间，打造可识别度高的游憩景观带。结合现状滨水慢行交通的建设（绿道、栈道、滨水停驻点等），辅以片区绿道网，完善片区慢行旅游线路，打造片区滨水生态慢行游憩链，并根据各片区河道定位、河道特色及岸线条件分为不同的滨水慢行游憩线路。

7.2 水系分类

综合考虑水系周边城市用地性质、河道蓝线宽度、水系补水方式等分为以下三类：景观蓄水型、公园溪流型、生态旱溪型。

将河流按特点分成不同的分类，分别进行针对性的处理。河流分类参数见表 7.1。

表 7.1　河流分类参数表

序号	河流名称	支流级别	流域面积 /km²	河道总长 /km	蓝线宽度 /m	周边用地	河流分类	是否蓄水

1. 景观蓄水型

对河道进行生态补水，全断面蓄水形成景观大水面，滨水景观是城市形象展示的主要载体，地域性、公共参与性强。蓄水型河道效果见图 7.1。

有景观水面的景观蓄水型河道，结合周边购物、文娱、服务等配套设施，营造适合游憩休闲的水景观。

景观特征：欢乐、活力、舒适。

特色项目：商业水街观光、水上舞台、文化活动、商业庆典等。

图 7.1　景观蓄水型河道

2. 公园溪流型

对河道进行少量补水，使河道形成生态基流，滨水景观是城市市民的后花园，亲水性、可达性良好，尺度宜人。溪流型河道效果见图 7.2。

图 7.2　公园溪流型河道

以休闲廊道、景观小品、体育设施为主，营造适合居民生活休憩的水景观。

景观特征：趣味、创意、品味。

特色项目：童趣乐园、读书亭、游憩花谷、滑板及轮滑、浅滩嬉水等。

3. 生态旱溪型

不对河道进行生态补水，形成生态旱溪型河道，滨水景观犹如城市的郊野公园，以疏林草地、阳光草坪、雨水花园等植物空间为主，形成自然生态景观。生态旱溪型河道效果见图 7.3。

图 7.3 生态旱溪型河道

以水系沿岸绿化为主，结合周边工业、企业生态环境的生态旱溪型水景观。

景观特征：生态、绿意、静谧。

特色项目：踏青、郊游、写生、摄影等。

7.3 节点工程

结合当地的自然景观与文化特色、历史底蕴，选取适宜的点位，以文化脉络切入，通过广场、景墙、雕塑小品等园林景观形式体现出来，构建节点工程，既可满足亲水、休闲、娱乐的需求，又可体现展现当地文史，成为文教宣传的窗口。同时依托丰富的滨水旅游资源，可举办各种文艺活动，带动经济发展。

（1）以当地文化中的著名历史人物作为切入点设置文化广场，以该历史人物为线索讲述当地历史、文化脉络，可通过雕塑或石碑文字等展现形式，见图 7.4。

图 7.4 文化主题广场

（2）利用现状土地，创建农业主题园区，见图 7.5。将土地划分为小块，游客或以家庭为单位租赁属于自己的小农田进行除草、耕种、浇水、施肥等活动，体验不同的生活情境。同时还有由专业人员种植的有机蔬菜，提供到附近的餐厅做基础食材。种植品种可选用当地的特色品种，或历史悠久的品种，可展示当地的农业历史、农机农具，以及现代农业的最新发展、农业技术的最新成果等。同时寓教于乐，通过自己动手，增强记忆，提高兴趣。

图 7.5　农业主题园区

（3）在景观视野良好的地方设置民宿，游客可感受居住在郊外临水而居的独特生活体验，见图 7.6。

图 7.6　景观滨水民宿

（4）利用现有的水塘湿地，将其规划为湿地公园，见图 7.7。种植湿生植物，净化水源，可作为科普游园，为游人提供相关植物、水循环系统工作流程等的科普，更为水鸟提供栖息之地。

（5）利用现状地势，设置长滑梯、沙地和爬山台阶，为小朋友提供完整的可循环玩耍的活动路径，并在沙地处放置攀爬、翻越、跳跃等功能的安全游戏器械，见图7.8。

（6）将现状天然形成的内部水系作为景观水面，提供亲水、垂钓、休闲、纳凉的滨水休闲空间，见图 7.9。

图 7.7 湿地公园

图 7.8 儿童游乐区

图 7.9 滨水休闲区

（7）在自然条件优渥的区段，设置为自然保护区，见图 7.10。保护现有的优质植物，增加植物品种，创造适于水鸟停留、休息、觅食的场所，尽量降低人类停留的可能性，为植物的生长和鸟类的停留创造更好的条件。

（8）在水位较浅、视野较好的位置设置水面上的木栈道，栈道两侧种植水生植物，增加氛围，绿道一侧为水系，另一侧为田野，见图 7.11。在水系中种植观赏类水生植物，在田野一侧种植春花类灌木、乔木，在花期弥漫浪漫的氛围。

图 7.10　自然保护区

图 7.11　景观栈道

7.4　滨河慢道

　　滨河临水通行道路主要体现野趣，增加骑行、慢跑的功能，在铺装方面采用砾石材料，在植物的选择方面相对乡野，在景观情绪的表达方面相对更为富有激情。悠然绿道作为绿色开敞空间，供行人和自行车骑行的休憩线路，为了获得较好的骑行感受，绿道线路宜更贴近水面，以使跑步或骑行过程中取得更好的视野感受。

　　绿道设计标准只允许步行或骑自行车，不允许机动车或电动车上路。滨水绿道效果见图 7.12，骑行慢道效果见图 7.13。

图 7.12 滨水绿道

图 7.13 骑行慢道

7.5 水岸系统

规划区内水系驳岸设置按照生态手段处理，在满足城市防洪安全的前提下，综合考虑城市水环境、水文化、水景观等多种需求，根据各分区水系的定位、水系各区段的滨水功能及岸线条件，分为自然型驳岸、街区型驳岸、生态型驳岸、滨海型驳岸、湿地型驳岸等类型。

1. 自然型驳岸

自然型驳岸位于山林环境，生态本底好。梳理现状缓坡及植被，局部改造成浅洼地，种植湿生及水生植物，打造健康的水环境，还原河流自然属性。周边设置乔木绿带及栈道，兼顾自然游憩与山林水系保护。自然型驳岸效果见图 7.14。

2. 街区型驳岸

街区型驳岸主要位于城市建成区，沿河周边空间有限，具有较高的通行需求。采取保留直立或梯形挡墙、挑台或台阶式空间的处理措施，节约用地，为河岸通行及休闲活动提供空间。驳岸墙体采用生态砌块材料或垂直绿化。多设置于临水侧为大型商业设施、公共设施等有大量人流集散的地区，以滨水大道体现城市街区感，以挑台、台阶式驳岸体现亲水性。街区型驳岸效果见图 7.15。

图 7.14　自然型驳岸效果图

图 7.15　街区型驳岸效果图

3. 生态型驳岸

生态型驳岸主要位于城市非核心区，周边空间较为宽阔或人流量少的地区。采用多样的生态化措施，如自然缓坡式、梯地式、组合式等驳岸形态，并种植较为丰富的植物，体现河道生态性。生态型驳岸效果见图 7.16。

图 7.16　生态型驳岸效果图

4. 滨海型驳岸

滨海型驳岸为临海的海堤及河口段。采用双层平台的形式,堤顶设置贯通的道路,种植抗风性乔灌木,二级平台设置人行步道,二级平台与海洋交接的驳岸采取自然抛石+红树林形式。滨海型驳岸效果见图7.17。

图 7.17　滨海型驳岸效果图

5. 湿地型驳岸

湿地型驳岸位于近海的感潮河段及海岸公园。针对近海咸淡水环境,编制多级生态平台,将多种类型的硬质铺装及软质植被相结合,使景观趋向多样化。湿地型驳岸通过陆地景观、湿地景观与水面景观的穿插,强调景观设置的复合性及市民活动的多样性。湿地型驳岸效果见图7.18。

图 7.18　湿地型驳岸效果图

7.6　植物系统

植物景观以符合当地气候的植物为主背景,搭配落叶、观花及观叶植物等树种,多运用当地的乡土树种,突出市花市树,乔灌草搭配,形成错落有致的景观效果。景观植物配置在植物总体的基础上,各个群落类型有各有特色,形成统一中又有变化的植物群落景象。

植被栽植策略有以下几种：

（1）适地适树。针对项目特征，植物选用乡土树种为主。在尽可能节约成本的前提下，提高成活率。

（2）空间布局。平面布局外紧内松，开放、私密空间相协调，通过植物种植进行遮阴、空间隔离、改善空气质量。

（3）四季景观。通过植物本身形态、色彩、质感的变化和季相变化，营造一年四季连续不断的立体植物，落叶与常绿的合理搭配，景观做到三季有景、四季常绿。

（4）竖向设计。根据场地适当进行地形处理，通过植物高、中、低层次的配置，丰富竖向视觉感受。通过乔灌草合理搭配，迎合当地气候条件，形成丰富的植物空间。

7.7 标识系统

滨水标识系统规划主要于道路交叉口、节点、公共建筑及危险区域设置指向及解释型标识；在裸露山体、自行车道陡坡、急转弯及水深超过 0.40m 的区域设置安全警示型标识。

1. **标识类型**

（1）指向型。标明节点、服务设施等的方向和线路的信息，指示滨水绿道的出入口、道路的分叉处，包括主园路指向、周边景区景点指向等。

（2）解释型。

1）信息：地图、坐落位置，尽量采用图形方式，标明游客在区域中的位置。

2）教育：向普通公众特别是青少年普及湿地生态系统、湿地的生态学原理及其保护的重要性。

3）规章：标明河道、水源保护法律、法规方面的信息以及政府的具体举措。

（3）安全警示型。

1）警示：标明可能存在的危险及其程度，且至少要在危险路段前 80～100m 处设置。如自行车道陡坡/急转弯、山体滑坡、深水河流等，色彩应醒目明显，说明简单，一目了然。

2）安全：为安全，提供明确的标注游客所处的位置和应急救助点的位置，以便为应急救助提供指导。

2. **编制指引**

（1）功能。指向型、解释型（信息、教育、规章）、安全警示型。

（2）材质。以当地石材为主，结合木材等自然生态的材料。

（3）色彩。石材原色，文字为绿色、红色、白色。

第8章 智慧水利工程

党的十九大明确提出要建设网络强国、数字中国、智慧社会。2018 年 4 月，在全国网络安全和信息化会议上，习近平总书记深入阐述了网络强国战略思想，对实施网络强国战略作出了全面部署。2018 年中央一号文件明确要实施智慧农业、林业、水利工程。作为行业监管的重要手段，水利部把智慧水利建设作为推进水利现代化的着力点和突破口，全面提高水治理体系和治理能力现代化水平，强调要聚焦水灾害、水资源、水环境、水生态四大水问题。2019 年，水利部先后印发了《加快推进智慧水利的指导意见》《智慧水利总体方案》和《智慧水利网信水平三年行动提升方案》等，进一步明确了今后一个时期我国智慧水利建设的总体目标和计划，指导全国智慧水利规划和建设。新阶段中国水利发展面临的问题是水资源配置与经济社会发展需求不相适应，应深入践行习近平总书记"节水优先、空间均衡、系统治理、两手发力"的治水思路。水利部李国英部长提出，要有针对性地固底板、补短板、锻长板，提高智慧水利水平是我国新阶段水利高质量发展的重要实施路径之一，也是《中华人民共和国国民经济"十四五"规划和 2035 年远景目标纲要》提出的明确要求。

8.1 项目背景

从国家层面、当地政府层面、建设单位三个层次对建设背景进行说明，主要说明国家在治水上的策略的变化及智慧水利的新要求，分析当地政府对智慧水利建设的具体要求，当地水利信息化面临的主要问题，建设主管单位对智慧水利建设的目标以及当前科技发展的新趋势。

8.2 指导思想及基本原则

1. 指导思想

智慧水利工程建设的指导思想主要包括国家政策文件、习近平新时代中国特色社会主义思想、水利部和工信部等部委政策文件、部委工作会文件、当地政府政策文件等。

2. 基本原则

根据水利部、工信部的要求，结合水利工作的业务需求，围绕着安全、实用、全面、一体化等方面，制定智慧水利系统建设的基本原则。

（1）坚持统筹规划，需求导向。在全面深入分析水利业务领域需求的基础上，科学确定目标任务，合理确定总体架构，充分结合实际需求，高质量、快节奏地推进智慧水利建设。

（2）坚持协同共享。强化各水利相关部门信息集成和共享。

（3）坚持安全可控，先进实用。结合水利业务实际，科学合理地应用新一代科学技术，多维度、全方位保障信息安全，建设实时高效、先进实用、体验友好的应用。

（4）坚持支撑监管。提升监管支撑能力，形成事前预防、事中严控、事后反馈的全链条，全过程、全覆盖水利监管模式。

（5）坚持深度融合，创新引领。贯彻创新驱动发展战略，大力推动新技术与水利业务的深度融合，尤其是数据资源与业务应用整合，以科技手段提升管理能力。

（6）坚持廉洁规范，过程可控。智慧水利平台科学有效、行为留痕、预警及时、监控有力。

8.3 建设任务

依据国家相关法律法规，结合水利行业实际，建设任务包含以下内容：

（1）建设完备的信息安全体系。构建网络安全技术体系性、管理体系、运营体系等。

（2）实现河流全面感知。充分利用物联网、卫星遥感、无人机、视频监控等技术手段，建设对河流、水利设施和工程管理活动的感知能力，实现水务管理的精细化和现代化。

（3）建设先进的基础设施保障体系。充分利用光线、微波、5G等网络技术和大数据等信息技术，构建存储计算资源，构建高速水利网，建设机房中心等。

（4）建设大数据中心和模型应用体系。充分利用分布式计算、AI算法、知识图谱、数值模拟、优化调度等技术，构建模型体系，为预报预测、工程调度、决策指挥提供有力支撑。

（5）建设高效智能的业务应用体系。构建智慧政务、智慧调度、智慧管理等运用模块，实现智能高效监控管理的目标。

（6）建立实用标准规范体系。立足于本项目，编制智慧水利采集感知、信息安全及基础设施、大数据中心、模型、应用开发等标准规范体系。

8.4 建设目标与建设内容

建设目标即建设本项目的目的。总目标可单独陈述，也可分年度阐述任一年份的目标要求，而后分专业说明具体目标。建设目标与建设内容通常包括：①水安全、水环境感知；②河道建设安全物联感知；③重点区域视频监控布设无缝覆盖；④泵闸少人值守；⑤水务局与机房实现视频会商、远程决策；⑥构建大数据中心，为智能应用提供数据支撑；⑦整合现有的新建的系统组件，建成一个标准的应用平台，通过标准化的接口接入系统；⑧搭建模型服务框架；⑨建成智能应用系统，实现水利业务精细化管理等。概括来说，建设内容即感知、基础设施、大数据中心、应用支撑、模型、业务应用、标准规范、信息安全、系统集成等。

8.5 需求分析

智慧水利工程是一个综合性、系统性的信息化建设工程，涉及的专业、技术、管理机构多而繁杂，结合当地及具体河流的特点，综合考虑系统建设的各要素，从用户、业务、功能、数据、安全、性能、非功能、信息量等方面进行需求分析。

8.5.1 现状及存在的问题

8.5.1.1 水利信息化现状总体情况

南方城市水利信息化实践在 21 世纪初就陆续进行，数字水务、应急指挥系统、水雨情监测等建设早已有之。整合搜集到的资料，对该项目水利信息化发展现状作出评估。

截至该项目立项之前，当地相关的信息化项目的建设情况列表见表 8.1。

表 8.1　当地信息化建设情况

序号	项目名称	建设完成时间	建设内容	投资额 / 万元

8.5.1.2 感知体系现状与问题

汇总现有自建、整合的各类信息采集点，视频监控站点、自动监测站点，以及共享生态环境局建设的水质监测点等，梳理现有感知系统组成，列表见表 8.2 ～表 8.9。

表 8.2　水情、工情、视频、水质建设情况

监测类别	监测点数	建设管理单位	数据归集方式	传输方式	情况说明

注　数据归集方式指的是监测数据的储备处；情况说明主要阐述该监测的作用和功能。

表 8.3　水质自动监测站点分布情况

序号	流域	河流	自动站数量	断面	备注

注　备注阐明选择设立该自动站的原因。

表 8.4　地表水水质自动监测站点情况

序号	流域	河流	自动站数量	断面	自动监测站类型	监测内容

表 8.5　水库入库河口自动监测站点分布情况

序号	水库名称	入库支流	自动站数量	分期情况	备注

表 8.6　水源水库水质自动监测站监测指标

水库名称	类别	必测指标	增测指标

表 8.7　地下水环境自动监测站情况

序号	监测区区划	孔隙水监测井	裂隙水监测井	岩溶水监测井	水质监测井	合计

表 8.8　地下水水质监测站点布设情况

序号	行政区	站点位置	数量	站点类别	主要监测项目	备注

表 8.9　入海口污染自动监测站点分布情况

序号	流域	河流	断面	主要监测项目	备注

　　总体而言，经过之前的信息化建设，已具备一部分监测功能，积累了一些监测数据和资料。分析现状，通常存在如下问题：

　　（1）现有信息采集通常主要集中在水库水情、内涝积水、水量、水位、流量等方面，对于城市水文、水环境、水生态、水安全等方面的信息采集通常明显不足。例如小型水库、海堤、河堤等工情信息监测大部分未建设或仍为较落后的人工观测方式。

（2）设备老化的问题。许多采集设备建设时间较长，存在设备老化的情况；有些设备更新换代较快，存在更新升级的问题；以往的设备由于当时建设时各种制约因素，设备参数往往不高，难以满足现今智慧水利感知系统对其高清晰度、高灵敏度的要求。

（3）设备的信息采集标准和接收系统不统一。各个采集系统建设时间不统一，设备型号选择不统一，传输规约不统一，各系统都需要自身的数据接收系统，并经数据转系统存入数据库，如此就需要中心机房部署多台数据接收服务器，且在进行信息采集系统维护时需在各个系统中进行查看才能发现问题，既增加了信息采集系统维护的困难，也增加了数据中心的负荷，影响数据接收的实时性，给系统集成制造了更多的兼容难题。

8.5.1.3 基础设施现状与问题

对已建水利信息化的基础设施现状情况进行摸查，包括光缆、计算机网络、中心机房、自动化控制系统等。

基础设施存在的主要问题如下：

（1）信息传输网络未完全打通。网络部署存在单点故障风险，未形成完备、闭环的双回路网络灾备体系。

（2）网络带宽不足。网络带宽不足将影响后期数据，特别是视频监控资源的传输速度和质量。

（3）中心机房没有大屏幕或屏幕老化。大屏幕显示系统不具备同时进行视频、监测信息、预警信息等多源数据展示的功能，更不能进行视频会商。

（4）控制模式和手段单一。河道建筑物的调度管理大多设置专人值守，通过电话指令调度，缺乏有效的监控措施，现场调度人员很难从整体上把握实时水雨情及建筑物工情，整个调度系统缺乏统一性与科学性。

8.5.1.4 应用系统建设现状与问题

在水利信息化的推动下，各地水务部门在水务业务应用系统开发方面做了一些工作，主要分布在防汛抗旱、水资源、政务业务等方面，建设了一些针对单项业务的系统，解决某些单项业务信息化的问题。将已有的应用系统梳理，见表8.10。

表8.10　已有应用系统情况

序号	应用系统名称	建设单位	建成时间	主要内容	存在的问题与不足

应用系统的功能相对比较单一，各应用功能通常无法在系统间共享复用，数据共享也比较困难，对于新技术应用的扩展难以支撑。早期建成的应用系统往往没有采用集约化的应用方式，因此系统无法共享给其他相关单位的用户和需求者。

8.5.1.5 信息安全现状与问题

应用系统一般通过安装防火墙、网络入侵防御系统、杀毒软件、日志审计等专业设备，及制定信息安全管理制度等措施，基本能实现信息安全、网络安全、系统稳定运行。但整体信息安全系统仍存在一些问题：未对所有业务系统进行安全定级；信息采集站点现场设备运行、数据传输安全薄弱，通常只采用了设置用户名、密码等较为简单的安全保护策略，没有专业的现场信息安全设备，对信息传输中的安全措施没有设置，信息采集系统和自动控制存在安全风险。

8.5.2 建设单位

介绍系统的建设单位及其管理职能，详细分析各职能部门的职能内容，见表 8.11。

表 8.11 建设单位管理部门职能

建设单位	管理部门	职能	职能内容

8.5.3 用户分析

分析系统建成后的主要用户和部门，以及其希望从该系统中获得的信息。

8.5.4 业务需求

业务需求着眼于水雨情、水文监测、河流防洪、排涝、水质、水环境、水生态、水资源、工程建筑物工情、政务办公系统等方面，遵循竖向到底、横向到边的要求，分别按照不同的业务类别进行梳理，并分析汇总形成业务总需求。

智慧水务业务需求，通常包含灾害防御管理、水资源管理、水环境管理、水生态管理、工程运行管理、工程建设管理、行政办公管理等。

（1）灾害防御管理。该业务需求包括洪水干旱防护、防洪潮、内涝整治、洪水影响评价、水旱灾害联合防御管理、预警预报组织与监管、水旱灾情管理、防汛工程组织建设与协调、内涝整治项目建设监管、水毁工程修复、水文站网建设监管、水文站网运行监管等。

（2）水资源管理。该业务需求包括水资源与供水管理、水资源开发利用管理、水源工程、节约用水管理、水资源行政事务管理、水资源监管、取用水监管、水资源保护监管、水源工程建设及运行监管、水源工程执法监管等。

（3）水环境管理。该业务需求包括排水管理、污泥处理监管、排水设施建设与运行监管、水污染治理管理、治水提质项目建设监管、黑臭水体整治监管等。

（4）水生态管理。该业务需求包括河湖管理、截污工程管理、水土保持监管、河道设施建设与运行监管、水土流失监管等。

（5）工程运行管理。该业务需求包括水文监测、水质监测、工情监测、视频监测、监测数据管理、监测站网运行管理、综合信息服务、防洪排涝调度、生态用水调度、水环境调度、应急管理、供水调度、工程设施管理等。

（6）工程建设管理。该业务需求包括项目招投标管理、施工过程管理、合同管理、质量管理、安全文明管理、造价管理、工程建设廉政监控等。

（7）行政办公管理。该业务需求包括行政执法监督管理、安全监督管理、科技信息管理、绩效管理、舆情管理、财务管理、法律法规服务、政务公开管理、档案管理、办公管理、人事综合管理等。

8.5.5 功能需求

结合系统的业务需求，对功能需求进行全面梳理。一般系统的功能需求可从以下方面进行考虑。

（1）信息服务。各类基础信息服务、监测信息服务、信息发布服务、信息交换服务、信息融合服务等，为大数据应用和应用系统提供数据基础，包括自建采集站点采集的水情、水质、工情、视频等信息，也包括其他部门共享交换的信息，例如气象局共享的气象信息、环保局共享的大气质量信息等。

（2）业务管理。依业务管理功能要求进行详细的业务管理功能梳理，形成业务管理功能需求表，见表 8.12。

表 8.12 业务管理功能需求表

业务大类	业务小类	具体业务	业务功能需求
例：调度和业务管理	河道管理	综合展示	河道基本信息、河长制信息、设备设施检查信息、行政审批信息等专题展示
		…	…
	综合调度管理	防洪排涝调度管理	提供实时降水、台风、洪水等预测信息的展示；重要河道断面等实时水位、警戒水位等信息及视频监控信息的展示，实时跟踪灾情的发展以及灾情统计信息的展示等
		…	…
例：工程管理	河道设施管理	日常巡河管理	支撑河道日常巡河管理工作
		…	…
	…	…	…
…			

（3）决策支持。在整合多源水务数据的基础上，依托统一应用支撑平台，进行水务大数据的深度挖掘分析，将分析场景应用到各个涉水领域，实现统一的决策支持。

（4）监督考核。强化监督考核功能，建立覆盖全业务的、实时监督职责履行的效能监察管理体系，促进工作规范性，保证各项业务实施的质量。根据系统建设单位及职能管理部门的需要，在工程建设与安全管理、水环境管理、行政办公、河长制管理等方面进行监督考核。

8.5.6 数据需求

建成智慧水利系统，流域、河道、水环境、水安全、工程管理等全方位的信息采集体系是实现系统功能的必要支撑。所需的信息包括但不限于以下方面：

（1）工程空间基础数据，即河道、建筑物工程空间数据，可通过普查、设计文件、竣工文件等途径获得。

（2）水情信息，通过监测采集获得。

（3）水量水质信息，通过监测采集获得、环保部门共享获得。

（4）堤防安全监测信息，通过监测采集获得。

（5）工程建设管理信息，通过从工程建设单位上报的材料中获得。

（6）视频监控信息，通过集成现有资源、监测采集获得。

（7）河长管理信息，通过河长管理过程上报获得。

（8）档案管理信息，通过整合办公自动化系统的信息或整合办公资料档案获得。

（9）其他信息，包括气象信息、经济社会信息、生态环境信息、国土资源信息等，通过数据中心共享其他单位或部门的数据获得。

8.5.7 安全需求

信息系统面临的外部信息安全环境错综复杂，安全威胁的来源日益广泛，攻击手段日趋复杂。同时信息系统还面临日益严格的外部监管环境，公安部、水利部等各部委均出台信息安全等级保护要求。2017年出台的《中华人民共和国网络安全法》，要求网络运营者应当按照网络安全等级保护制度要求，履行安全保护义务；对于国家关键信息基础设施，在网络安全等级保护制度的基础上，实行重点保护。

智慧水利拥有广泛部署的物联感知系统，基于大数据、云等新技术的业务应用系统及提供支撑的基础设施，决定了智慧水利建设在信息安全方面有着强烈的需求。

智慧水利的安全需求，参考《信息安全技术 网络安全等级保护基本要求》（GB/T 22239—2019）、《信息安全技术 网络安全等级保护测评要求》（GB/T 28448—2019）、《信息安全技术 网络安全等级保护安全设计技术要求》（GB/T 25070—2019）等规范的要求，根据安全保护等级相应级别的安全通用要求，对等级保护对象进行安全保护。

8.5.8　性能需求

（1）物联感知方面性能需求，包括获取信息快速、满足精度要求、传输数据通畅、运行稳定可靠等。

（2）模型运算性能需求，包括处理能力应满足不同应用场景和应急响应时间的要求，并最大程度优化；准确性应以实时监测数据系列与模拟曲线之前的拟合程度为准；稳定性应以平均故障间隔时间、平均故障恢复时间衡量；用户最大值、并发用户最大值满足使用要求；CPU 占用资源一般不超过 30%。

（3）业务应用性能需求，包括响应速度不致影响业务工作，用户同时接入数满足使用需求，且信息类内容静态化，系统运行稳定可靠。

8.5.9　非功能需求

系统设计要求具备实用性、可扩展性、先进性、稳定性、安全性、集成性、方便性、智能性。系统本身要求安全、稳定、定期升级。系统接口需求包含业务内部数据接口、外部数据接口需求等。系统运行环境需求包括服务器操作系统、应用服务器、数据库、部署资源。界面设计要求界面层次清晰、连接畅通、易操作、突出重点、前后一致。

8.6　信息量估算

根据智慧水利信息系统的业务特点，根据用户数量情况推算出总业务量。同时，还应考虑系统的功能需求、并发用户数、数据吞吐量等。

数据信息类型包括水情信息数据、水质信息数据、工情信息数据、视频监控数据及应用系统数据等。信息量估算包含系统数据存储及数据传输流量的测算及分析，并进行增长预算。

数据信息的分析预测简要方法如下：

气象信息数据来源于气象局，若每小时进行一次数据采集，每次采集数据大小按最大 60KB 进行测算，每天的数据存储量为：$24 \times 60/1024 = 1.4MB$，每年的数据存储量为：$1.4 \times 365/1024 = 0.5GB$。按照 200 个监测点，5 年内每年数据按 10% 增长进行测算，且数据不删除，预计 5 年内需要的数据存储约 812.25GB。

依据《中华人民共和国反恐怖主义法》规定，重点目标的管理单位采集的视频图像信息保存期限不得少于 90d。故视频保存期限为 3 个月。1 路 1080P 视频录像约 4Mbit/s，3 个月需占用有效存储空间 $1 \times 4 \times 3600 \times 24 \times 90 = 3.708TB$。按 1500 个点位计算存储要求为：$3.708 \times 1500/1024 = 5.5PB$。

8.7 总体设计

　　构建智慧河流建设的系统总体架构，推动当地智慧水利进程。智慧河流综合系统借助摄影测量、遥测、遥感（RS）、地理信息系统（GIS）、全球定位系统（GPS）等手段采集基础数据，通过微波、超短波、光缆、卫星等快捷传输方式，构建数字化数据库平台和虚拟环境，在这一平台和环境中，以系统软件和数学模型对河流综合整治方案进行模拟、分析和研究，提供决策支持，增强决策的科学性和预见性。

8.7.1 总体设计原则

　　智慧河流设计原则可描述为：统一设计，分步实施；需求主导，保障安全；整合资源，信息共享；统一架构，业务协同；统一标准，加强管理。

　　总体设计应考虑以下方面：

　　（1）设计具备针对性。应针对项目具体情况和实际需求，在符合实际的情况下，充分利用现有资源，做到系统的整体集成和优化，以达到满足业务管理的需要。

　　（2）设计架构具备先进性。项目中采用的各类产品和技术应具有一定的先进性和创新性，能够代表当今技术发展的趋势，并确保系统在相当长的一段时间内长期使用，不至于被淘汰。而且，所提出的解决方案应具有前瞻性。

　　（3）设计的系统具备开放性。项目的建设，必须遵循开放、兼容和可互联的原则，才能保证系统的软硬件具有长期的发展能力，不会因一两种产品的问题，导致整个系统应用的失败。

　　（4）设计的系统具备扩展性。在发展迅速的信息领域，应用环境、系统的硬件或软件都会不断地更新，系统的可扩充性、前后兼容性好坏都会影响管理系统的长期发展，所以设计中的系统要预留出充分的扩展空间。

　　（5）设计的系统易实施。项目的设计要能较好地划分各子系统，便于分步、分期实施，同时要充分考虑系统的可行性，使各系统便于实施。

　　（6）系统具备可靠性与稳定性。由于项目面对的任何失误都可能造成比较严重的后果，所以整个系统长期可靠地运行，对工作的正常运转和准确运行具有重大的意义。为了确保系统运行的可靠性，系统应具有强大的容错能力。

　　（7）系统具备兼容性。项目中采用的硬件平台、软件平台、网络协议等符合开放系统的标准，并能够与其他系统实现互联。在总体设计中，采用开放式的体系结构，使系统易于扩充，使相对独立的分系统易于进行组合调整。有适应外界环境变化的能力，即在外界环境改变时，系统可以不作修改或仅作少量修改就能在新环境下运行。

　　（8）系统具备安全性。由于存在着敏感数据，为禁止非授权用户对它的访问，设计时，就要对网络上的用户进行一些访问权限的设置，同时也要尽可能发现某些"黑客"，阻止对网络资源的非法访问与尝试。

　　（9）设计力求经济性。在完成项目目标的基础上，力争花最少的钱办最多的事，充分利用现有资源，使已有的各种软件、硬件资源得以充分利用。

8.7.2 总体设计思路

利用现代化通信技术、计算机、网络技术、数据库应用和地理信息技术，建设高标准、高起点的综合信息化体系。借助现代化手段和传统手段采集基础数据，对河流及相关地区的自然、经济、社会等要素构建一体化的数字集合系统和虚拟网络系统，以系统软件和数字模型对河流综合治理开发与管理的各种方案进行模拟、分析和研究，并在可视化的条件下提供决策支持，增强决策科学性和预见性。

8.7.3 总体架构设计

总体架构通常包括以下几大层次及保障体系：

（1）信息感知：包括雨量计、水位计、流量计、监控摄像头等所有前端信息采集设备，主要为上层应用提供基础数据。

（2）网络传输：主要包括信息传输，为上层应用提供信息传输通道。

（3）业务支撑：包括数据库、中间件及模型体系。以原始数据为根本，进行数据分析处理及整合，构建系统数据库，为业务应用提供结构化数据。

（4）基础环境：包括网络安全，融合会议、数据中心等硬件设备，主要为下层基础数据提供传输存储渠道，为上层提供整合数据及硬件平台。

（5）业务系统：包括所有业务应用系统。

（6）业务门户：整合所有业务应用子系统，以及现有或未来增加的其他子系统，形成统一的门户、统一的身份认证、统一的信息发布体系。

（7）管理保障：建立完善的管理制度与服务保障，确保信息上通下达顺畅无变化。

（8）安全保障：从网络、应用、人员等多维度建立安全体系，确保信息的安全不外泄。

根据当地需求和现场的具体情况，还可能采用云服务、云数据，或采用中心–平台–模块的架构型式，具体问题具体分析，但万变不离"感、传、知、用"的本宗。

根据总体架构设计，梳理形成总体架构图、技术架构图、网络架构图、数据架构图、安全架构图等。架构图可在系统分项设计中发挥指导作用。

8.8 分项设计

8.8.1 信息采集系统

信息采集系统包括水雨工情、水量自动监测、视频监测等信息采集。

8.8.1.1 信息采集选点原则

（1）规范性原则。测站布局符合水利行业标准规范及相关文件要求。例如雨情站点布设原则符合《水利水电工程水文自动测报系统设计规范》（SL 566—2012）的要求，集水面积为 500～1000km² 的流域，遥测雨量站数约 7～12 个；符合山洪灾害防治非工程措施建设要求，以 20～100km²/ 站的密度布设自动雨量监测站等；参照《水文站网规划技术导则》（SL 34—2013）的相关规定。

（2）实用性原则。测站采集点规划布设应以项目建设目标为导向。例如河流综合治理信息化目标是自动采集河流水位、雨量、流量、水量等水文水资源信息，实时将数据快速传至机房，为河流水资源调度管理提供有力的决策依据。

（3）利旧性原则。测站建设应充分利旧，避免重复建设。项目监测站点选点应在满足项目建设目标的基础上，充分考虑对已建站点的整合，避免重复建设，缩短建设工期，节约建设成本。

（4）协调性原则。项目监测站点规划布设与同期正在开展的信息化系统建设项目进行充分的协调，对于需要新建的监测站点进行统一规划，明确站点建设职责分工。

8.8.1.2 信息采集站点

1. 站点布设

在测图上进行水雨情、工情、自动雨量站、视频监测点等信息采集站点的布设，展示站点类型、数量、位置。站点布设统计见表 8.13。

表 8.13 站点布设统计样表

序号	站名	站别	观测项目	站点性质
				（已有或新建）

2. 监测站点典型设计

新建监测站点设计遵循国家标准、行业标准的要求，需依次明确以下内容：

（1）详细说明站点组成结构，并配图。

（2）分条详细描述监测站点的功能。

（3）通过方案比选，选定最佳设备组合方案，并明确参数要求。

（4）选择监测站点硬件及配套设备，包括设备箱、支架、避雷设施等。

8.8.2 业务应用系统

智慧河流的业务应用系统根据当地的需求制定，可能包括水雨情测报系统、泵闸自动监控系统、水量精细调度与优化控制系统、防汛抗旱智能决策系统、水资源管理调度系统、水质监测评价系统、环保信息智能管理系统等。

业务应用系统的设计应包括以下内容：

（1）功能框架。说明业务应用系统的功能模块，以框图形式列出。例如，水雨情测报系统包括数据接收与处理、监测信息管理、实时监测信息展示、水情预报模型、在线预警和数据统计查询等几大功能模块，系统在河流雨水情和水量监测信息的基础上，结合 GIS、图形、报表等信息展示方式，对数据信息进行展现、分析与整理，直观地反映河流状况。

（2）数据接收与处理。实现其监测数据的实时接收、解析和存储。数据接收、解析满足《水文监测数据通信规约》（SL 651—2014）、《水资源监测数据传输规约》（SL/T 427—2021）要求；数据存储满足《实时雨水情数据库表结构与标识符》（SL 323—2011）、《监测数据库表结构及标识符》（SZY 302—2018）相关实时表设计的要求；可实现数据报送日志查看；可实现数据的实时接收和人工调取。

（3）监测信息管理。监测信息管理包括测站基本信息管理、通信设置、监测数据月平均畅通率、共享数据月平均畅通率、设备无故障时间查询、异常数据管理、监测数据维护、数据异常规则设置等。

（4）实时监测信息展示。展示信息包括实时雨情查询展示、实时水情查询展示、实时水量查询展示、视频信息查询展示、报表自动生成功能等。

（5）模型构建。建模前分析问题，梳理建模总体思路，比较常用的几种模型的优缺点，选定与需求最为匹配的模型，结合当地的边界条件和参数特点，构建最为合理的模型，并约定适用条件。

（6）业务应用系统软件。开发软件系统，实现业务应用需求；说明功能模块，即主控窗口、设备控制、数据处理、报警管理、通信管理等。

（7）预报预警。预报包括自动预报、交互预报及预报成果查询；在线预警，即实现监测预报信息与设定的特征值的对比及告警功能，并可进行三维展示。

（8）数据统计查询。数据统计查询模块，主要以精确查询、模糊查询等方式满足工作人员在实时监视的基础上更深入地了解相关情况的发展，具有统计汇总功能，查询结果采用列表、图形等表达方式，并与地理信息系统相结合，提供显示、导出、保存、打印等输出方式。

（9）系统设备配置清单。系统需配置的硬件设备及配套设施的清单，含参数、数量等。

（10）应急调度及处置。在遭遇突发状况时，应急调度决策支持系统的支撑体系。制定明确的应急反应机制，以便能够在出现紧急情况第一时间内，有条不紊地实施应急抢险工作。应急系统将提供组织体系设置、抢险响应程序制定、抢险预案制定、抢险模拟演习、信息上报及发布、抢险指挥调度、抢险实施反馈、抢险方案评估存档、灾情评估、应急过程归档、历史数据查询、综合信息服务等功能。

（11）预案编制。根据不同情况的风险模拟，结合三维动态演示分析，以及调度管理要求，编制适用于不同工况下的应急调度预案，为优化调度提供预案支撑。

8.8.3　大数据综合管理数据库

8.8.3.1　数据资源分析

数据来源主要包括在线/动态监测、外部交换动态数据、基础信息数据收集以及业务系统中产生的过程状态数据等。

（1）在线/动态监测数据。该数据指通过自身系统直接采集的数据，包括水雨情监测、水量监测、自动监控和视频监测、安全监测等。

（2）外部交换动态数据。该数据主要指由其他系统采集或管理，通过数据管理平台交换接入到本系统的外部数据库。外部交换动态数据更新频度相对较高，主要包括气象数据、水文数据等。

（3）基础信息数据。该数据包括基础业务数据、基础空间数据及多媒体数据。其中，基础业务数据是指实现日常管理所需要的各类基础数据及业务属性数据；基础空间数据主要包括基础地理信息数据、水利专题要素数据及各类遥感影像、DEM 数据，基础空间数据由统一的空间数据库进行管理；多媒体数据指图片、影像、声音、视频等多媒体数据，由多媒体数据库统一管理。

（4）业务过程数据。伴随着业务应用系统处理过程，会产生大量的中间数据；或者为满足业务系统的特定处理需求，所需要提前准备的数据。此类数据既非基础数据库的数据，也非最终成果库的数据，统一称之为业务过程数据。例如取水调度业务处理过程数据、电子政务过程数据、水情报表数据、系统日志数据等。业务过程数据统一存储到业务过程数据库中进行管理。

8.8.3.2　数据流分析

各类来源的数据分别进入各自对应的基础数据库，再通过 ETL 方法，形成业务应用的数据模型及数据仓库，并在数据模型之上形成各种应用主题视图，来满足在应用系统运行过程中及信息平台发布中所需要的各类数据。

8.8.3.3　数据量估算

各类数据可分为结构化数据（如水雨情数据、监测数据等）和非结构化数据（如电子政务文件、基础业务数据、多媒体数据等）两类，且非结构化数据量所占比例较大。

（1）结构化数据，例如水情信息测报估算：水情信息按每条记录 6KB 计算，照片按每张 500KB 计算。测站水情信息测报频率设计 60min 上报一次，则每个监测站点每天数据采集量为 $24 \times 6KB = 144KB$。若有 127 个自动测报站，每天上报数据量为 $144KB \times 127/1024 = 18MB$，年数据量为 $18 \times 365/1024 = 6.4GB$。测站拍照频率设计每月 5 张，则年数据量为 3.6GB。遥测站年数据量总共约为 10GB。

（2）非结构化数据，按其他类似项目相关数据量估算而得。

随着工程的建成运行，数据量将逐年递增，数据量估算时还应计入年增加量。正确估算出系统建成后各种数据的数据量大小以及每年增加的数据量是数据库存储设计的基础。

8.8.3.4 数据库设计

根据数据特点、业务需求选择合适的模型设计方案，保障整个信息系统完整构建以及良好运行。模型设计表包括对象基本信息、空间信息、工程属性信息、管理信息、施工信息、监测信息、文档资料信息、关联信息、文档资料等几类，具体表名和内容见表8.14。

表8.14 模型设计表

序号	信息类	表名	表编码	表结构参考标准
1	对象基本信息	对象基本信息表		—
2	空间信息	水体图层表		水利普查数据库
3		大坝图层表		水利普查数据库
4		位置图层表		—
5	工程属性信息	水库一般信息表		防汛指挥系统防洪工程库
6		水库水文特征值表		防汛指挥系统防洪工程库
7		洪水计算成果表		防汛指挥系统防洪工程库
8		河流水库关系表		综合防洪工程库
9		水库特征值表		防汛指挥系统防洪工程库
10		水库水位、面积、库容、泄量关系表		防汛指挥系统防洪工程库
11		水库主要效益指标表		防汛指挥系统防洪工程库
12		淹没损失及工程永久占地表		防汛指挥系统防洪工程库
13		大坝信息表		防汛指挥系统防洪工程库
14		泄水建筑物信息表		防汛指挥系统防洪工程库
15		单孔水位泄量关系表		防汛指挥系统防洪工程库
16		建筑物观测表		防汛指挥系统防洪工程库
17	管理信息	水库防洪调度表		防汛指挥系统防洪工程库
18		水库运行历史记录表		防汛指挥系统防洪工程库
20		水库出险年度记录表		防汛指挥系统防洪工程库
21		水库汛期运用主要特征值表		防汛指挥系统防洪工程库
22	施工信息	除险加固情况表		防汛指挥系统防洪工程库
23	监测信息	遥测站表		实时水雨墒情数据库
24		大坝变形监测表		实时工情数据库
25	关联信息	关联对象关系表		水利普查数据

序号	信息类	表名	表编码	表结构参考标准
26		文档资料表		—
27	文档资料表	设计资料表		—
28		多媒体文档资料表		—

主数据库保存各业务系统需共享的静态数据，如水利工程、河流、行政区划等数据，从信息化角度看，主要是各种水利、行政区、管理单位等对象及其属性、特征数据。主数据库从各个业务数据库中抽取数据，数据源的更新由各业务系统完成。参照水利部《水利对象分类编码方案》，对于不涉及的对象，可保留空表或删减；对于分类中没有的对象，可根据实际情况增加。主数据库对象分类见表 8.15。

表 8.15　主数据库对象分类

序号	大类	中类	小类	对象基础类
1	自然	地表	集储水单元	流域分区
2			输水通道	河流
3			独立工程	测站
4			输水通道	水库大坝
5				水闸
6				水电站
7				泵站
8			独立工程 组合工程	渠道
9		设施		倒虹吸
10				渡槽
11				涵洞
12	非自然			水库
13				灌区
14			组合工程	引调水
15				农村供水
16			行为主体	水利行业单位
17				自然人
18		非设施		水资源分区
19			行为客体	水功能区划
20				地表水水源地
21				地下水水源地

续表

序号	大类	中类	小类	对象基础类
22	非自然	非设施	行为客体	取水口
23				退水排污口
24				取用水户
25				退排水户
26				污水处理厂
27				自来水厂
28				流域片区
29				河道断面
30				视频监控点
31				项目
32				事件
33				河段
34				堤段
35				险工险段

大数据综合管理空间库将基础性的、公用性及具有空间分布特征的数字线划图（DLG）、数字高程模型（DEM）和数字影像地图数据按一定的数据模型组成一个有机的整体。空间库是系统数据库中的重要组成部分，它与其他数据库有紧密的联系。其中与防汛应急调度库、工程安全监测库、水情测报库等都有密切的属性关联，其联系主要靠空间库要素的属性代码来建立。例如：水闸图层中的某一水闸可通过该闸的工程代码与防汛应急调度数据库建立关联；测站分布可以根据测站代码与水情测报库关联。

8.8.3.5 数据收集处理与数据库建设

（1）数据收集与处理。数据收集与处理包括部分数据资源新建、静态数据资源整合、动态数据抽取与交换、空间数据处理加工、非数据库资源整合。

（2）数据质量检查与控制。数据检查和质量控制依据国家相关技术标准执行，并配置专人对数据质量进行管理，数据整理加工过程中进行交叉检查、自动和人工检验等工作。

（3）数据入库。根据数据库设计标准，采用数据更新维护系统生成对应版本的数据库脚本（包括空间分配、参数设置、库表建立、索引创建、约束条件、触发器），生成数据库的物理存储设备和对象；根据数据量分配存储空间；将统一处理的数据源，利用数据更新维护系统导入到空间数据库。

（4）数据维护与更新。需要建立起长期有效的数据更新维护机制，保证数据库的常用常新，综合数据库与各业务系统之间需要保持互联互通，同时利用数据更新维护系统功能通过定期更新、实时更新等方式，保持数据的时效性。

8.8.4 通信与计算机网络

搭建一套可靠实时、高速、宽带及多业务的通信网络系统，提供可管理、全线速、全业务的智能传输交换环境，满足数据、视频和管理业务的综合传送。

通信网络带宽应有足够的带宽，满足不同业务数据的传输需求。通信网络设计内容见表8.16。

表 8.16　通信网络设计内容

序号	信息传输点	站别	数据信息
1	例：机房 ↔ 雨量、水库站	水库、雨量	接收：水位、雨量
2	例：机房 ↔ 水量监测站	水量	接收：水位
3	例：机房 ↔ 工情监测点	工情	接收：工情监测信息
4	例：机房 ↔ 闸门	闸门	接收：监测信息； 发送：控制信息
5	例：机房 ↔ 泵站	泵站	接收：监测信息； 发送：控制信息
6	例：机房 ↔ 安全监测中心	工情	接收：工情监测信息
7	例：机房 ↔ 外部系统	外部系统	接收/发送：水文、气象、水质等信息； 视频会议

国内较为常用的通信网络技术包括电信公网通信、自建光纤通信和无线网络通信。基于以上通信网络技术的技术特点，结合建设条件，进一步复核、比选和论证，确定最优的通信信道载体。通信主要设备配置清单见表8.17。

表 8.17　通信主要设备配置清单

序号	设备名称	单位	数量	备注
1	机房设备			
1.1	SDH 通信主机	台		
1.2	GSM 通信模块	台		
1.3	通信电源	套		
1.4	标准机柜	面		
2	通信主站设备			
2.1	SDH 通信主机	台		

序号	设备名称	单位	数量	备注
2.2	通信电源	套		
2.3	标准机柜	面		
3	通信子站设备			
3.1	SDH 终端机	台		
3.2	工业级接入交换机	台		
3.3	接入交换机	台		
3.4	路由器	台		
3.5	通信电源	套		
3.6	标准机柜	面		
4	光纤自建	km		
5	电信业务开通费（按 1 年计）			
5.1	机房固定 IP 业务租用费用	项		
5.2	10M 宽带专线业务租用费用	项		
5.3	20M 宽带专线业务租用费用	项		
6	辅助材料	项		
6.1	核心交换机	台		
6.2	接入交换机	台		
6.3	外网路由器	台		
6.4	防火墙	台		
6.5	分布式拒绝服务器（DDoS）	台		

8.8.5　系统集成

系统集成的任务主要包括计算机硬软件集成、界面集成、数据集成、应用支撑平台定制集成、业务应用集成、平台与外部的集成等。

（1）计算机系统集成工作需要硬件厂商、软件厂商、用户和集成商的统一协调、密切配合。计算机系统的硬件配置须与用户应用需求匹配，硬件厂商、用户又必须配合软件厂商进行系统联调、测试；完成系统稳定性、可靠性的测试。

（2）用户界面集成是一个面向用户的整合，它将系统的终端窗口和 PC 的图形界面使用一个标准的界面（如浏览器）来实现。应用程序终端窗口的功能可以一对一地映射到一个基于浏览器的图形用户界面。

（3）数据集成通过从一个数据源将数据移植到另外一个数据源来完成。

（4）应用支撑平台集成是为了消除信息孤岛，实现应用系统间的互联互通。通过 Web 服务器提供的入口访问应用服务层并管理静态页面；应用服务器为应用程序提供 Web 运行环境，所有的业务逻辑和后台数据的访问逻辑都由应用服务器来处理；数据库管理和数据处理存储系统提供系统所需的所有数据资源，系统的数据资源统一由数据库服务器负责管理。

（5）业务应用集成是为了实现管理业务各应用之间的业务协同；为各个管理业务应用提供单点登录、用户管理、公共配置、基础维护、运行维护支撑等公用功能组件的服务支撑。业务应用集成以统一的"应用集成支撑软件"为基础；提供统一的应用集成标准与规范；通过服务注册、服务路由、服务调用的模式实现业务应用的交互；通过数据共享实现应用协同。

（6）平台与外部的集成利用应用集成软件和消息软件与水行政主管部门和政府相关职能部门实现数据共享。

第9章 经济评价及效果评价

9.1 经济评价

经济评价通常依据 2006 年由国家发展改革委和建设部组织编制和修订的《建设项目经济评价方法与参数》（发改投资〔2006〕1325 号）、2013 年水利部发布的《水利建设项目经济评价规范》（SL 72—2013）。

经济评价中采用的主要参数如下：

（1）价格。国民经济评价中应采用影子价格，因主要材料市场价格基本能反映影子价格，故采用同期材料的市场价格作为评价依据。

（2）社会折现率。2006 年国家发展与改革委员会、建设部发布的《建设项目经济评价方法与参数（第三版）》将国民经济评价中社会折现率定为 8%，供各类建设项目评价时统一采用。

（3）计算期。假设工程建设期为 n 年，国民经济评价时生产期取 50 年，则整个工程计算期为（50 + n）年。

（4）基准年及基准点。计算期的基准年定在建设完工年。

（5）效益发挥过程。工程开工后运行期首年开始逐步发挥全部效益。

9.1.1 费用和效益估算

工程费用主要包括工程固定资产投资、年运行费和流动资金等。按照规范要求，在国民经济评价时，需扣除属于国民经济内部转移的税费、税金及计划利润。工程年运行费为工程正常运行每年所需支出的全部运行费用，包括人员工资及福利费、工程维护与大修理费、其他运行管理费等。运行费可按实际运行管理单位的支出进行核算，无具体资料时可按固定资产投资的一定比例计取。工程流动资金包括维持工程正常运行所需购买燃料、材料、备件等的周转资金，无具体资料时可按年运行费的一定比例计取。

河道综合治理工程的效益除了防洪除涝效益，还将产生巨大的社会效益、环境效益和生态效益。

1. 防洪除涝效益

防洪除涝效益可按防洪工程实施后可减免的多年平均洪灾损失值和土地替代用途两种方法计算之和。

土地替代用途效益指根据当地经济发展情况，项目占用土地的机会成本和新增资源消耗及出让土地成本费用。

工程实施后，防洪排涝标准提高，灌溉排水系统完善，改善了农田的灌溉、排水调整，作物稳产增产；同时可以改变作物种植模式，提高经济作物的种植比例，提高当地百姓的收入，预计年增加效益计入防洪排涝效益。

在保障城区防洪安全的前提下，防洪工程的建设与水环境治理和绿化建设相结合，变死水为活水，变污水为清水。水环境生态的改善，可促进当地旅游环境的改善，同时也为城区居民创造良好的休闲和工作环境，每年创造的旅游增加效益计入防洪排涝效益。

2. 社会效益

河道防洪能力不足造成洪涝灾害，严重制约着地区社会和经济的发展。河道综合治理方案实施后，可提高防洪标准，结合排涝工程的建设，可大大减轻洪涝灾害给社会正常生产、生活带来的不利影响，避免或减少大洪水年份防汛抢险救灾给社会正常生产、生活造成的影响；确保城镇居民的生命、财产安全，减少了洪水灾害，增强人民的安全感和稳定感；保障社会和经济的可持续发展，有利于促进人民安居乐业、维持安定团结的社会局面，为当地发展、经济繁荣和社会进步创造了更加有利条件。由此增加的收益即为社会效益。

3. 环境效益

河道综合治理方案的实施将增加城区防御洪水的能力，为城区内居民提供稳定的生产、生活环境，改善了城区的排水条件，使涝水能够及时排除，减免因洪水泛滥引发的疾病流行威胁人群健康；避免洪涝造成的环境污染，改善了城区的环境质量。由此增加的收益即为环境效益。

4. 生态效益

工程建成后，将增加河流的水域面积，将使城区成为风景靓丽的美丽新城，同时通过乔、灌、花、草等植物合理配置，美化堤岸，使河流成为一条健康、魅力和灵性的绿色生态带，同时由于绿化带和水面的增加，为鸟类和水生物提供良好的栖息地和生态环境，可使各种水生物及鸟类回归嬉戏，生物链更加丰富多彩，维持生态平衡，因此工程的兴建既美化了城市环境，又优化了生态，工程的兴建其生态环境效益显著。由此增加的收益即为生态效益。

按有无项目对比分析，计算项目建成后的效益。

9.1.2 国民经济评价

9.1.2.1 经济评价指标

根据《水利建设项目经济评价规范》（SL 72—2013），通常选用经济内部收益率、经济净现值、经济效率费用比等国民经济评价指标，评价项目的经济合理性。国民经济评价指标见表9.1。

表9.1　国民经济评价指标

工程费用/万元	效益/万元	计算年限/年	经济内部收益率/%	经济净现值/万元	经济效益费用比

9.1.2.2 敏感性分析

为了进一步论证国民经济评价的可靠性，估计项目承担风险的能力，应进行敏感性分析。在影响项目评价成果的众多因素中，选取固定资产投资和效益作为敏感性因素，对工程进行敏感性分析。根据《水利建设项目经济评价规范》(SL 72—2013) 要求，变化因素考虑投资增加（或减少）10%、效益增加（或减少）10% 及效益增加（或减少）15%，分析不同变化条件下评价指标的变化情况，见表 9.2。

表 9.2 敏感性分析成果

变动因素及幅度	内部收益率 /%	效益费用比	净现值 / 万元
基本方案			
投资增加 10%			
投资减少 10%			
效益增加 10%			
效益减少 10%			
效益增加 15%			
效益减少 15%			

9.1.2.3 经济评价结论

根据国民经济评价指标，若项目经济内部收益率大于社会折现率，经济净现值大于零，经济效益费用比大于 1.0，则项目在经济上是合理可行的。

根据敏感性分析结果，若在效益减少 10% 或固定资产投资增加 10% 的情况下，项目经济内部收益率大于社会折现率，经济净现值大于 0，经济效益费用比大于 1.0，则项目具有一定的抗风险能力。

9.2 效果评价

城市河道综合治理效果评价通常采用模糊综合评价法、模糊聚类分析法、层次分析法等。其中层次分析法具有系统性、简洁实用、所需定量数据信息少等优点，使用较为方便。王春霞等（2021）在《城市河道整治效果综合评价体系研究》中基于城市河道的特点及主要水环境问题，提出河道岸上、岸下评价指标，构建了评价体系，为城市河道水环境综合整治效果的评估提供支撑。

9.2.1 评价方法

层次分析法是将决策问题的有关元素分解成目标、准则、方案等层次，在此基础上进行定性和定量分析的一种决策方法。可在对复杂决策问题的本质、影响因素及其内在关系等进行深入分析以后，构建一个层次结构模型，然后利用较少的定量信息，把决策的思维过程数字化，从而为求解多准则或无结构性的复杂决策问题提供一种简便的综合决策分析方法。

河道综合治理是一项系统化工程，包含防洪排涝、灌溉、水资源、水环境、水生态、水景观、智慧水利等子工程。其中一部分子工程效果评价比较直观，也比较容易量化，例如，防洪可用是否达到防洪标准来评价；排涝可用是否达到排涝标准来评价；灌溉可用是否达到灌溉保证率来评价；水资源可用是否达到供水保证率来评价。而水环境、水生态、水景观等不容易用简单的量化指标来评价。因此评价整治效果时，选取合适的评价指标来作为层次分析法的目标层参数。

9.2.2 指标选取

1. 水质改善效果指标

水质改善能体现河道生态系统的优劣。总磷含量的多少能反映水体富营养化的程度。水体中高浓度的氨氮不仅造成水体富营养化，还会导致水生动物死亡。溶解氧是评判水质优劣的重要指标。高锰酸盐指数是表现水体内有机物污染的重要指标之一。水质改善效果指标选用总磷、氨氮、溶解氧、化学需氧量、高锰酸盐指数等。

2. 河道景观改善效果指标

根据文献、调研和经济分析，选取绿化率、景观设施、空间开放性及亲水性 4 项指标作为河道景观改善效果的评价指标。其中，空间开放是指河道整治后沿岸空间对公众的开放程度。亲水性是指河道整治完成后河道资源对于社会的可达程度。

3. 公众满意度指标

周边区域社会群众对于整治效果的满意程度指标也是河道综合治理效果评价的重要指标之一。

4. 河道智慧程度指标

该指标是反映智慧河道管理系统在河道日常管理和应急调度上的应用程度，也是河道综合治理效果评价的重要指标之一。

9.2.3 指标评价

对评价指标层各指标进行计算。参考王春霞等（2021）《城市河道整治效果综合评价体系研究》，并综合完善后的指标评分标准见表 9.3。

表 9.3　评价层指标评分标准

指标分值	5	4	3	2	1
水质	达到Ⅲ类标准	保持在Ⅳ类	基本保持在Ⅳ类，偶为Ⅴ类	长期保持在Ⅴ类	处于Ⅴ类以下

指标分值	5	4	3	2	1
河岸绿化	选种适宜，绿化覆盖率大于75%	选种适宜，造型较美，绿化覆盖率为50%～75%	基本满足当地要求，绿化覆盖率为25%～50%	基本符合绿化要求，绿化覆盖率为15%～25%	绿化种植较少，绿化覆盖率小于15%
景观设施	设置率大于4，品种丰富多样	设置率为3～4，品种较多	设置率为2～3，品种齐全	设置率为1～2	设置率小于1
空间开放性	融合性很好，完全通畅	融合性较好，基本通畅	融合性较好，局部通畅	局部通畅	无绿道
亲水性	容易到达河边	较易到达河边	可到达河边	难到达河边	无法到达河边
满意度	很满意	较满意	满意	不满意	很不满意
智慧程度	监测设施齐全，集成智慧河流管理系统，且系统功能完善	监测设施较为齐全，集成智慧河流管理系统，但系统功能不够完善	基本具备监测设施，并有若干单项信息化功能模块	仅具备局部监测设施	不具备监测设施，也不具备智慧河流管理系统

（1）水质改善效果评价指标包括总磷、氨氮、溶解氧、化学需氧量、高锰酸盐指数。采用单因子指数法评价水质改善效果，即地表水环境质量标准。

（2）河道景观改善效果指标中绿化适宜度和景观设施按照定性评价，空间开放性指标包括河道沿线绿道的连通程度，以及河道的亲水程度；亲水性指标包括设施的使用率、亲水平台的设置等。

（3）公众的满意度即对整治河道两岸的居民、行业内专家级城市河道管理部门相关领域人员进行调查，根据各类调查对象的满意度进行统计而得。

9.2.4 权重值确定

目标效果指标中每层级指标权重的确定建议采用专家调查法。例如河道景观改善效果指标中，河岸绿化、景观设施、空间开放、亲水性等可以反映出河道整治的感官效果，若专家调查显示各项指标重要性相同，则权重值均取 0.25。

河道综合治理效果评价指标中，水质改善指标通过定量的方式确定，精确地表征效果，故权重可取大值；景观改善指标中河岸绿化和景观设施是定量衡量，而空间开放和亲水性是定性判断，故景观改善指标通过定量测定和定性评价获得，权重可取中值；公众满意度和智慧程度指标主观性强，存在差异性，权重取小值。

第10章 城市河道综合治理的探索

10.1 中医学与河道综合治理

自古以来，河流与城市相依相成。河流就像城市的忠实朋友，伴随着城市的兴起与繁华，见证了城市的变迁与更替。若将河流视作人体，那么在城市生活中，机体内部稳定失衡、社会–心理变化都将导致河流呈现亚健康甚至病变的状态。河流与人体一样，是一个有机的整体，局部与整体是辩证的统一。河流的某一局部或某些局部反映的问题，往往是全局整体问题的体现。就如同人体因表现出某些不适而去就医，从触诊到血常规到 CT 常常检查个遍，才能初步判定病症，更有甚者甚至找不到病因，河流同此理。河流系统，尤其是城市河流系统，早已不是单纯地处于自然系统之中，而同时是社会的实体，河流出现问题，其原因并非一望而知，所有点位均做检测以明确根由的方法显而易见难以实现，性价比极低，且大多数情况下也难以直接得出结论，仍需借助系统分析方法予以确认。从这个角度来说，把河流这个研究对象当作黑箱，根据其表现出的各种问题以及外来的输入，通过观察、分析、检测等手段来了解其输出反应，从输入与输出的关系来进行论证。作为现代科学手段之一的黑箱方法是 20 世纪中期出现的，但我国的中医学在 2000 多年前就使用这种黑箱方法来认识人体。

借鉴中医学的理论体系，将河流作为诊疗对象，运用中医学望、闻、问、切的诊断方法，参合辨病，得出河流问题的结论；结合中医社会学理论，分析引起河流问题的社会因素；通过分析河流与城市经济、社会发展的相互关系，论证河流治理的原则与治理目标；运用中医学司外揣内的功能观察、整体衡动的诊察观等优势，从整体层面、动态层面、精神层面上具体分析、灵性观测和把握，综合制定合理的治理方案；此外，类比中医学的日常保养、定期复诊等手段，提出在河流系统管养工作中，数据管理和全过程管理的重要性，并以此展望智慧水利未来发展的方向。

10.1.1 面诊河道"生理"症状

河流系统的诊治过程应从明确问题开始。这一步的正确、合理与否，关系到整个系统诊疗过程是否朝着预定的目标顺利进行。具体到河流综合治理这个项目，首先要搞清的问题包括：问题是由谁提出的；现状存在哪些问题；这些问题是由哪些原因引起的；等等。

常言说道：做正确的事比正确地做事更重要。著名的系统科学家 R.Ackoff 也曾经说过：我们由于解决错误的问题而造成的失误，要比错误地解决正确的问题所造成的失误多得多。这表明，正确提问题非常重要。把河流当作一位前来求诊的病人，首要的是，对河道呈现出的整体面貌进行第一轮面诊，从中得出河道现状的直观印象。《古今医统》中说"望闻问切四字，诚为医之纲领"。借鉴中医学的方法，望、闻、问、切，掌握河流系统的第一手资料。

《难经》曰：望而知之者，望见其五色，以知其病。中医学用望诊对病人的神、色、形、态等进行有目的的观察，以测知体内病变。河道病症也一定直观地表现在其种种外在形态上，只需详尽列举河道的所有状态数据，依据以往的大量实践经验分析外在表现与机体内部存在的依托关系，即可推测内部存在的病症。

《难经》曰：闻而知之者，闻其五音，以别其病。闻诊，在中医学上包括听声音和嗅气味两个方面。对于河道来说，河道水体及其周围环境的气味可在踏勘时直观闻出；却无法通过河道的声音、气息感知其病症。但河道虽然自己无法言说，却可通过河道周边民众的体会来印证。在实地踏勘时，可直观获取河道水体的形、色、味；并可通过与周边民众或管理人员的初步交流，获得河道运行过程中的好处和劣处。

明代医家张景岳认为，问诊"乃诊治之要领，临证之首务。"通过问诊了解既往病史与家族病史、起病原因、发病经过及治疗过程。从中医学的发展历史来看，医家各家学说的形成过程中无不受到当时社会因素的影响，任应秋教授说，凡是一门科学，不能与当时社会关系分裂开来。早在 2000 多年前的《内经》中，中医学对疾病的认识，已把考察人的社会地位、社会环境和生活条件的变迁，提到了诊断学的重要位置。对于河道来说，河道的由来、变迁及其所处的自然、社会环境都对分析河道病症有不可分割的作用。对河道历史沿革、现状水文气象、地形地貌等地质状况、河道管理现状等资料进行调研，获得充分的背景资料。

切诊是指用手触按腕后桡动脉搏动处，借以体察脉象变化，辨别脏腑功能盛衰，气血津精虚滞的一种方法。切脉相对于前面所述的望诊、闻诊、问诊体察已更近一步，是一种重要补充。就如调查河道，除踏勘、调研、走访、搜集资料等，也常常需做一些必要的监测或检测工作作为印证或补充。监测或检测数据虽然往往不能直接说明某些问题，但作为数据信息中的重要一环，与其他调研信息相互印证，即可形成完整的链条，体现河道的具体问题。对河道干支流选取有代表性的节点进行水质、水量监测，分析数据规律，印证河道病症及病变过程。

10.1.2 探寻河道"心理"症状

河道的"心理"，即城市或人的心理折射到河道这一载体上的表现。例如社会偏重发展而忽视环境、河道功能单一、以往不系统的治理理念导致河道生态破坏等。

10.1.3 外部环境对症状的影响

从系统工程的角度，区分系统与环境的界限很重要。环境与系统之间存在能量交换，交换的结果存在正反馈与负反馈。

10.1.4 参合辨病

辩证是从宏观整体入手，对于局部病理往往考虑不够，有失之于过疏、针对性不强的缺陷；辨病则多着眼于局部微观改变，其针对性虽强但常有短于过偏、忽略整体的不足。辩证结合辨病，辨病使辩证进一步深化，则更有利于复杂病症的诊断和治疗。许多表现不循常理的疾病，只有精于辨病，才能正确、完善地辩证。拓宽知识广度，面对杂乱的症状进行全面分析。综合分析河道的表观病征，结合"心理"需求、外部环境的影响等因素，从宏观整体入手，辩证地看待问题，作出客观、全面的诊断。

10.1.5 查脉案

脉案，又称"病案""诊籍""医案"，是医生诊治疾病经过的实录。要求把病人的详细病情、既往病史以及诊断治疗过程、病的结果等都一一如实记录下来。它不仅是复诊和转诊或病案讨论的资料，也是疾病统计和临床研究的重要资料。我国古代医学家很早就对临床诊疗作了如实的记录。《史记·扁鹊仓公列传》记载了西汉名医淳于意治疗的25个病案，是我国现存最早的病案。通过查询河道已完、在建工程及其效果，分析河道对工程的适应性及制约性，以便在制定治理方案时有的放矢。

10.2 海洋水库

我国大部分地区降水主要集中在汛期，其降水量占全年降水量的60%以上。对于汛期洪水，通常要求尽快排除，以免引起洪涝灾害。我国1.8万 km 的海岸线上至少有1.6万亿 m^3 的水是汛期经海滨城市排入海的，但这些海滨城市却是我国缺水最严重的一批城市。一方面是大量宝贵的雨洪水白白流入大海，另一方面是干旱和缺水的现实。沿海地区缺水的本质并不存在严格意义上的缺水，而是缺乏大库容的水库。对于降水量年内分配极不均匀造成水资源量不足、水环境容量降低、水环境问题加重等问题的城市，若土地资源匮乏，无法在陆地采取更有效的水资源储存、截留措施，可考虑借助广阔的海域面积建设海洋水库，贮存汛期的大量洪水。雨季时通过雨水有压分流管网收集的干净雨水，被直接排放至海洋水库内存贮；待旱季时，海洋水库中存贮的雨水则再抽出进行河道水源的补充，或者进行其他利用。这样，既可以更好地调配和利用水资源，保障旱季时河道水资源量及水环境，又可以避免占用宝贵的土地资源，同时还可以节约建设成本。

海洋水库具有一些明显的优点。其中主要有：①海水与淡水密度不同，易于将两者分离；②工程小，成本低；③河口附近比较平缓；④不需要移民，也不占用耕地；⑤海水是无限的，同时河口水量丰富，建造海洋水库可以获得大量淡水；⑥对生态环境的影响非常小等。目前在新加坡以及我国的澳门、浙江玉环、上海等地，都有一些海洋水库的实例。

10.2.1 传统的海洋水库

传统的海洋水库是用硬体坝固定淡水水面，通过水库水深的变化来获取动库容。但仍须解决水库抽空后的海水渗漏问题，以及必须承受压力差的问题。这是工程成功与否的关键，也是造价高昂的原因。这种传统的海洋水库主要存在如下缺点：

（1）需要做高标准的防渗处理，一般防渗心墙必须深入海床下 15m 以上。

（2）需要高标准的防波浪冲蚀措施。

（3）在波浪、潮流、河水的相互作用下，河水、海水容易掺混。

10.2.2 新型海洋水库

新型海洋水库主要形式有：漂浮式（Float）、悬浮式（Bag）、帘幕式（Curtain）。海洋水库示意见图 10.1。

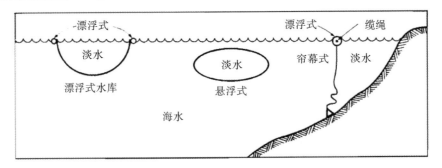

图 10.1 海洋水库形式

对于内陆河口，由于潮汐作用的存在，低潮时潮水后退，帘幕式松弛保水不易。对于漂浮式和悬浮式，幕布低潮时在底部搁浅，因此需要一个水深足够的地方来保证设施处于漂浮状态。海洋水库特点对比见表 10.1。

表 10.1 海洋水库特点对比

形式	特点
漂浮式	①能够较容易地将海水与淡水分离；②主要收集雨水；③所需薄膜量小；④环境影响小；⑤蒸发量大，受天气影响大；⑥波浪较大时外部海水容易进入，并与内部淡水掺混；⑦存贮量有限；⑧安装需要陆地条件
悬浮式	①可以预制；②无蒸发损失；③可将海水与淡水完全分离；④不暴露于外部环境中；⑤易于通过改变气囊体积实现垂直方向的自由移动；⑥所需原材料量较多；⑦存贮量受限；⑧只能存贮不含砾石的淡水，否则容易将薄膜扎破；⑨薄膜易被水下硬物刺破
帘幕式	①收集雨水汇流的最佳方式；②薄膜两侧压力差小；③存贮量大；④可收集雨水；⑤所需薄膜量小；⑥移除、移动方便，有很大的灵活性；⑦所收集的雨水不能被全部泵出使用；⑧受波浪、天气影响；⑨蒸发量较大；⑩安装需要陆地条件

10.2.3 研究方向

1. *海洋水库的选址和结构优化*

从区域水资源平衡角度出发,全面分析流域水资源现状以及未来的水资源供需矛盾,研究海洋水库的规模和容量确定方法;综合考虑海域潮流、波浪、航运以及水系结构、雨洪资源利用、区域防洪等要求,开展多目标条件下海洋水库的选址和结构方案优化研究。

2. *海洋水库的抗风浪性能和潮位应变能力研究*

新一代海洋水库两侧水头压力一致,无需防渗,无需承受压力差,不惧风浪,仅靠一层膜来分隔咸淡水。海洋水库抗风浪性能和潮位应变能力研究,旨在解决在波浪、潮流、河水的相互作用下,河水、海水的相互掺混问题。

3. *海洋水库的运行方案和水系连通方案*

海洋水库建成运行后,将原本融合为一体的河湖 – 海洋系统柔性分隔。海洋水库一侧的河流来水情况主要受降水影响,年际和年内分配不均;另一侧海洋的潮流、波浪等一定程度上呈周期性变化。在上述两方面动态变化条件下,探索海洋水库 – 河流水系连通方案,提出海洋水库 – 河流水系耦合运行调度方案,充分有效地利用海洋水库库容,实现"蓄淡于海"。

10.2.4 底泥自净

对于河流入海口海湾面积不大、平均水深较浅的典型半封闭浅水海湾,仅有一个狭窄的口门与海相连,潮动力弱,与外海的水交换不畅。一方面,导致沿岸河流及排污口排放的污染物在湾内长期滞留,水质恶化;另一方面,导致泥沙淤积,大量的污染物随泥沙沉积在底床中,底质恶化。

欲改善半封闭浅水海湾的生态环境状况,除了控制陆源排放之外,可考虑通过适当的工程措施或装置来改善海湾的动力条件,提升其物理自净能力。

通过对海湾的流场结构特征、水体输运的路径及通量、水体交换路径及通量、水交换能力的空间分布及时间分布、流场结构与水交换能力之间的关联等方面的研究,确定能改变流场的关键位置的具体落点。通过对海湾泥沙冲淤状况的空间分布、泥沙的输运路径、泥沙交换路径及通量、泥沙输运与流场结构之间的关联、径流量及潮差对泥沙输运的影响等方面的研究,确定影响泥沙输运的关键点的位置。设置典型工况,分析在关键位置(可能不止一处)修建适当的工程(如导堤、丁坝、离岸堤等)对水体交换及泥沙输运的影响。估算海湾水体及底泥自净能力可能提升的空间。不仅需评估整体的自净能力,也应关注每一处的局部自净能力,以避免在整体自净能力提升的同时出现局部"滞缓区"。

参考文献

[1] 刘汉东，刘颖. 水利工程伦理学［M］. 郑州：黄河水利出版社，2019.

[2] 刘陶. 经济学在区域水资源管理中的实践［M］. 武汉：湖北人民出版社，2014.

[3] 杜运领，芮建良，盛晟，等.典型城市河道生态综合整治规划与工程设计[M].北京：科学出版社，2015.

[4] 国家发展改革委，建设部. 建设项目经济评价方法与参数［M］. 北京：中国计划出版社，2006.

[5] 全国咨询工程师（投资）职业资格考试参考教材编写委员会. 现代咨询方法与实务［M］. 北京：中国计划出版社，2021.

[6] 王春霞，李玲，等. 城市河道整治效果综合评价体系研究［J］.建筑技术，2021，4：481-484.

[7] 侯佳明，胡鹏，刘凌，等.基于模糊可变模型的秦淮河健康评价［J］.水生态学杂志，2020，41（3）：1-8.

[8] 林平，孙培学. 浅谈无锡市城区河道综合整治［J］. 农业与技术，2016，36(3)：63-64.

[9] 申克·阿伦斯. 卡片笔记写作法［M］. 北京：人民邮电出版社，2021.

[10] 中国水利水电科学研究院. 河道内生态需水评估导则（试行）：SL/Z 479—2010［S］. 北京：中国水利水电出版社，2010.

[11] 中华人民共和国水利部. 地表水资源质量评价技术规程：SL 395—2007［S］. 北京：中国水利水电出版社，2007.

[12] 罗莉·阿姆斯特朗. 水力建模与地理信息系统［M］. 广州：中山大学出版社，2014.

[13] 吴建华，赵喜萍，李爱云，等. 智慧水利工程案例库建设及教学实践［M］. 郑州：黄河水利出版社，2020.